U0182348

给孩子讲城市设计

[日]福川裕一　著
[日]青山邦彦　绘

苏凌峰　译

清华大学出版社

北京

北京市版权局著作权合同登记号　图字：01-2022-0311

CHO NYUMON! NIPPON NO MACHI NO SHIKUMI "NAZE? DOSHITE?" GA WAKARU HON
Copyright © Yuichi Fukukawa, Kunihiko Aoyama 2019 Chinese translation rights in simplified characters
arranged with TANKOSHA PUBLISHING CO., LTD. through Japan UNI Agency, Inc., Tokyo

图书在版编目（CIP）数据

给孩子讲城市设计 /（日）福川裕一著；（日）青山邦彦绘；苏凌峰译 .—北京：清华大
学出版社，2023.8
　　ISBN 978-7-302-64228-2

Ⅰ. ①给…　Ⅱ. ①福…②青…③苏…　Ⅲ. ①城市规划—建筑设计—儿童读物
Ⅳ. ① TU984-49

中国国家版本馆 CIP 数据核字（2023）第 136002 号

责任编辑：孙元元
装帧设计：任关强
责任校对：薄军霞
责任印制：杨　艳

出版发行：清华大学出版社
　　　　网　　址：http://www.tup.com.cn, http://www.wqbook.com
　　　　地　　址：北京清华大学学研大厦 A 座　　　　　邮　　编：100084
　　　　社 总 机：010-83470000　　　　　　　　　　邮　　购：010-62786544
　　　　投稿与读者服务：010-62776969, c-service@tup.tsinghua.edu.cn
　　　　质量反馈：010-62772015, zhiliang@tup.tsinghua.edu.cn
印 装 者：三河市春园印刷有限公司
经　　销：全国新华书店
开　　本：140mm×210mm　　　　　印　　张：5.875　　　字　　数：111 千字
版　　次：2023 年 8 月第 1 版　　　　　　　　　　　印　　次：2023 年 8 月第 1 次印刷
定　　价：69.00 元

产品编号：088360-01

出场人物

关于城市有什么不懂的都可以问他哦。

老师：
　　他是本书的主角，当小学教师已有十年，平时是个不爱说话的老实人，但一说到他的专业领域——城市规划、街区设计的话题，就会滔滔不绝。喜欢拿着古地图在城区周围逛，交的朋友都比自己年纪大。

男生：
　　小学六年级在读，是棒球队成员但击球很差。家住在郊外，是单家独户，附近有一条大江。算是半个"学渣"，不过最近迷上了一个叫 Minecraft 的游戏，对建筑的兴趣越发浓厚。

能学到东西的话也挺好的，不过最好长话短说。拜托了！

女生：
　　小学六年级在读，虽然还没开始小升初考试复习，但最近开始上补习班了。家住中层商品楼。是个"学霸"，但还没找到自己的人生目标。直觉很强，善解人意，但对她说话不能太啰唆，不然她会跟不上。

我对建筑感兴趣，但对法律一窍不通。

前言

如果你的孩子指着街上的一栋楼问："那削掉的一块去哪儿了？"你会怎么回答呢？在一时语塞之余，你又是否会意识到，自己从来没有思考过这些看似理所当然的事呢？

我们制定各种各样的法律法规，就是为了营造趋利避害的社会环境。我们居住的城市也是如此，能建什么，不能建什么，都要受到法规的限制。换个角度来说，每座城市独特的样貌背后，都是受到相关法规、历史传统、地形地貌等因素的影响。"欲穷千里目，更上一层楼"，当你学会了思考每座城市的这些内在因素，世界在你眼里自然就会大有不同。

法律是与时俱进的，面对突如其来的专业术语，成年人也有可能一时半会儿理解不了。因此本书以师生情景对话的形式，尽量用简单的语言，来探索关于城市的许许多多不为人知的知识，我们会说到东京（包括以前的东京，旧称"江户"）、京都，会说到日本都市特色、世界都市的共同之处。当下城市规划、街区设计的话题，"人口负增长"与"多样性"等新趋势，都引发了广泛讨论。本书从孩子的视角提出问题，在种种情景对话中，我们会用通俗易懂的表达，让大家轻松掌握相关知识。

但毕竟涉及法律内容，难度门槛还是有的，所以难免会有不好理解的地方。建议大读者在指导孩子们阅读的时候，适当地去进行启发，以刺激其好奇心；小读者们也不妨试着考考身边的大人，比比谁知道得更多。

　　最后，希望本书能够带领大家去发现城市中的各种不可思议，同时发现寻常中的不寻常之处，并且在收获答案的同时，重新发现有点"生锈"的大脑里那尘封已久的好奇心。如果能多少起到这样的作用，笔者将无比荣幸。

千叶大学名誉教授

福川裕一

目录

2-1

江户的规划建设，离不开一个超大的地标，你知道是什么吗?

☞ 16

2-3

江户的物流运输是怎样的呢?

☞ 20

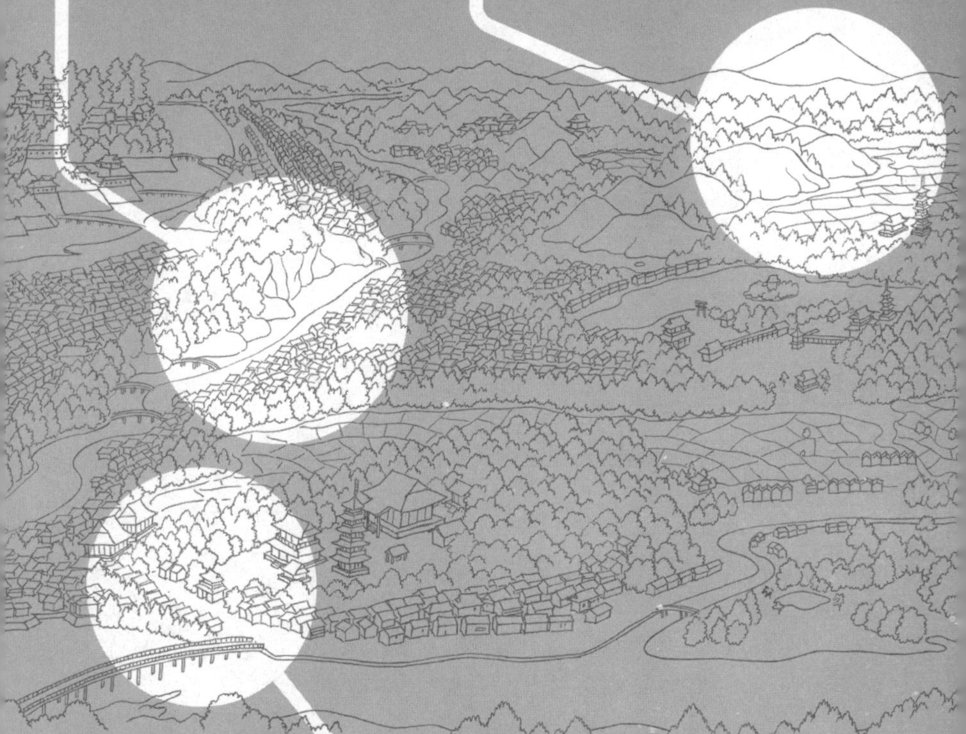

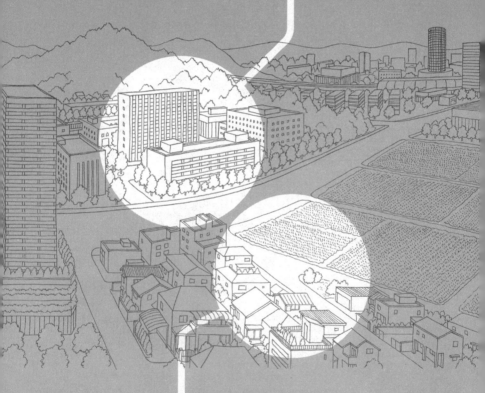

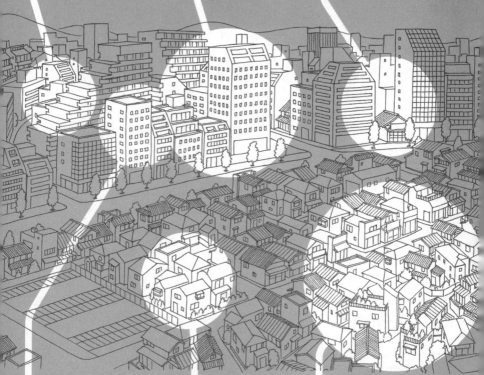

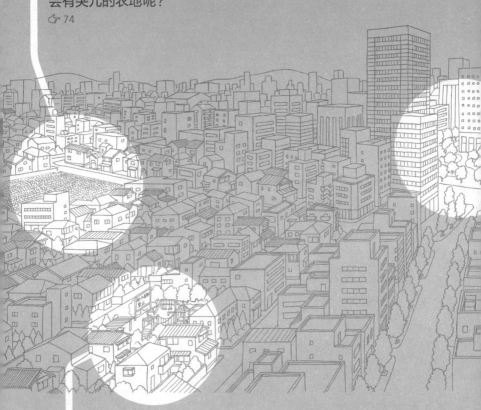

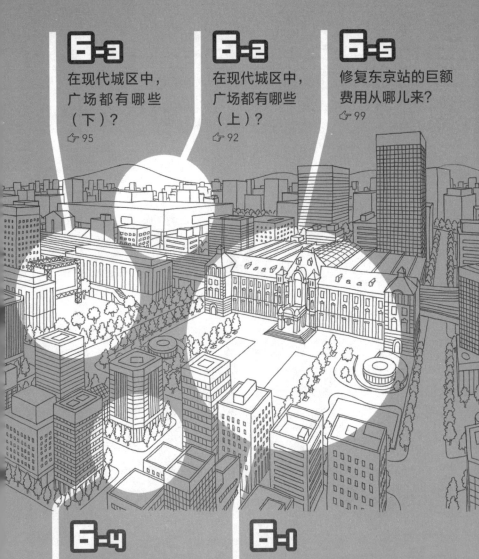

寻找城区的聚集地

第 日 章　道路不能更有趣吗

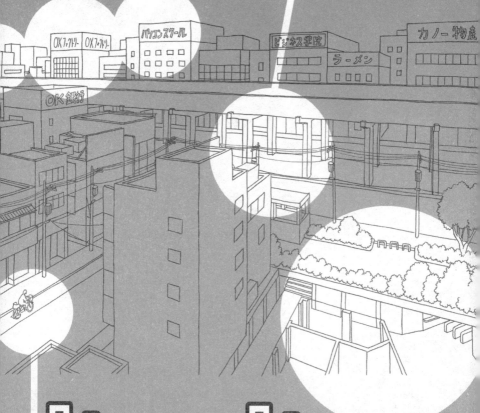

在城市中与水打交道

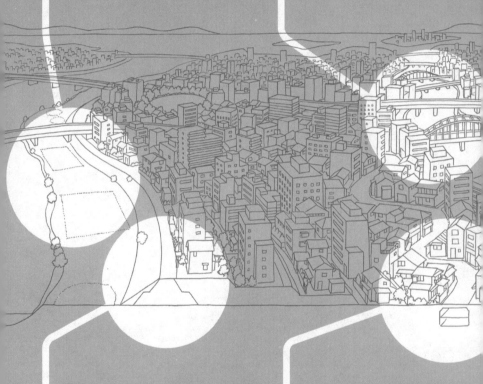

本书的内容都以 2019 年 1 月时的状况为参照。

在各章节的解答中，为了更直接形象地向大家讲解一些复杂的法律法规和社会问题，我们会从男一号（老师）的个人立场出发，在承认各种不同意见的基础上，突出一些典型案例进行分析。

目录的插图纯属虚构，仅供参考。

像鸟一样，俯瞰我们的城市

东京为什么这么大?

东京这里啊,一望无际都是密密麻麻的房子,哪儿来的这么多房子呢?

这是因为外来人口越来越多,住房需求随之激增,房地产开发也逐渐向郊区延伸。

首先要说明一点,通过一系列市政措施来限制城区的扩张,是全世界的通行做法。东京也曾计划通过"绿色隔离带"[1]的方式遏制城区的扩张,但计划跟不上变化,人口增长速度太快了。

> 1. 指的是 1939 年提出的《东京绿地规划》(计划在离市中心 16 千米的地方建设宽度 2 千米的环状绿化带),和 1958 年提出的《首都圈整治规划》(计划把离市中心 20 千米至 30 千米的地方打造成一个近郊地带)。

具体是什么样的规划呢?

政府要大兴绿化,打造近郊隔离带,只有两种办法,一是出钱买地建公园,二是立法禁止在相关土地上建住宅。

买这么大的地,得要多少钱啊……

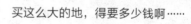

所以还是立法这条路最方便,但问题是,在住房刚需的背景下,这样的法律是很难通过的。

最终以上两个规划都成了一纸空文,东京城区由此继续扩张。

顺便说件有趣的事,东京城,再加上周围的神奈川、琦玉、千叶等,构成了宽广的首都圈,也叫东京大都市圈,其中城区总面积约有 14000 平方千米!

城区如此之大，放眼世界也是绝无仅有的。
你猜猜，这里面住了多少人？

这个之前了解过，东京人口好像是 1300 万人左右？

不不不，如果按首都圈来算的话，可是
超过 3800 万人的！
力压印度的德里和中国的上海，世界
第一[1]！
总人口已经这么多，再看看首都圈人口
占全国总人口的比例，现在也是逐年上
升，已接近 30%。

> 1. 出自 *The World's cities data booklet*，联合国，2016 年。

我的天啊！

东京究竟有多大，可谓不比不知道，一比吓一跳。
这幅图通过横向比较，计算出了各大城市昼夜时间段的人
口密度变化。
你看夜间的数据，只有东京是凹形的，而其他的城市都是
凸形的，反映了其他城市很多人都住在市中心，而东京则
相反。
不过最近定居在市中心的人也在不断增加。

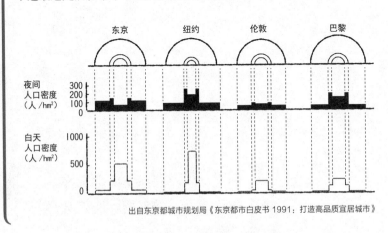

出自东京都城市规划局《东京都市白皮书 1991：打造高品质宜居城市》

人那么多，电车不挤才怪呢……

还有这张统计表，列出了其中道路、公园、住宅区所占面积的比例。

如数据所示，在东京，像公园这样的空旷场所是非常少的，可见建筑物何其多，从城区密密麻麻地一直往外延伸。

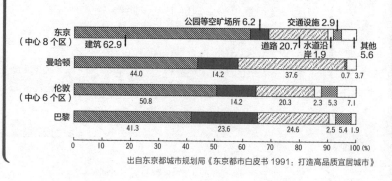

出自东京都城市规划局《东京都市白皮书1991：打造高品质宜居城市》

随着人口不断向城市集中，势头难以遏制，修建道路和公园也成了难事。

为什么市中心总是
高楼林立？

嗯……一言难尽啊……那换个角度，如果那些高楼大厦都没有了，会是怎样的呢？

这么多的人不能全挤在一块儿吧……

是的，恐怕整个地面都人踩人了。
东京市中心可是商务中心，聚集了大大小小的企业。
如果要建设密集型的办公场所的话，建更高的楼比占更多的空地要划算得多吧。

对，建高楼的话，楼的旁边还能继续建楼，土地的使用效率会高很多，在办公场所之间走动也会比较方便。

是的，提高沟通和商业运转效率，正是商务中心的核心价值。
如果企业需要大量的办公室，那么房地产开发商就会大力兴建写字楼。而随着上班族越来越多，餐饮、住宿、零售的需求也会随之增加，于是又需要更多的大楼了。

原来一座座高楼是这样建起来的呀！

是的，还有与之相应的建筑规范也应运而生，不过这个话题以后再说吧（4-8）。
从经济学的角度来看，写字楼所处地域往往地价较高，毕竟开发商不能亏本，所以市中心的大楼都越建越高大。

纽约就是典型的例子，不过它的高楼都高度集中在一小块地方，所以出了郊区没多远就是森林了。

东京的大楼呢，不算特别高，也不算特别大，但就是密密麻麻连成一大片，毕竟群体生活还是有很多好处嘛，比如培育新的文化。

的确，在大城市有更多美术馆、剧院和电影院呢。

是的。其实东京还有一点比较特别，别看市中心高楼林立，但在江户时代，那里可都是武士贵族的豪宅用地。

当年德川将军的江户城，就建在现在的皇宫里，周围就由各个大名守护着。

正因为当年都是大名们的住宅区，所以丸之内一带的土地没有被分得太细，修建高楼也非常方便。

日比谷公园也是大名豪宅的旧址，石墙则是江户城的遗迹

城市的建设，比起横向平铺来，还是纵向叠加更有效率。

1-3 国外大楼高达 800 米，可为什么日本的都没那么高呢？

咦？这就难倒我了，日本最高的楼是 300 米左右[1]吧，国外有比这更高的吗？

有的，中国的上海塔高 632 米，美国的世贸大厦高约 541 米，迪拜也在建超过 800 米高的大楼，以后估计还会有超过 1000 米的吧。
但为什么日本的大楼都没有这么高呢，你知道吗？

> 1. 截至 2018 年统计，日本国内最高的建筑物是大阪的阿倍野 Harukas，有 300 米高。不过大手町有一座高 390 米的大楼预计在 2027 年落成，就坐落在东京站旁边，届时它应该就是日本最高的建筑物了。

嗯……我知道了！是因为怕地震吗？

可能也有这方面的原因吧。
但从建筑技术的角度来看，这还是可以克服的，所以并不是技术的问题哦。

那我就不知道了。

那我问你，归根到底为什么要建那么高的大楼呢？

通过在狭小的土地上纵向叠加来提高利用效率？

不不，其实超高层建筑的利用效率并没有那么高，因为每个城市的土地规划对建筑物的楼层面积大小是有上限的。

你想啊，楼高必定人多，人员走动需要的电梯也会更多，也就是说，建筑物越高，就需要预留越多安装电梯的空间，到头来原本规划的楼层面积就不够用了。

原来如此，那为什么国外又有这种超高层的建筑呢？

那些多数都是当地新城区的地标建筑，因为在新开发区域，各种法律限制往往都不会那么严。

日本的各个行政区域都开发得差不多了吧，所以法律层面已经十分完备，各种限制条文早就已经定下来了。

比如说，会影响到飞机飞行的建筑物，是不允许建在机场附近的[1]。

另外，不像发展中国家，日本已经是个发达国家，人口老龄化突出，对于高楼、新楼的需求已经日趋饱和，这也是在日本看不到超高型大楼的原因。

> 1. 引自《航空法》。东京市中心和羽田机场靠得很近，所以对于建筑物的高度有着诸多限制。

**在当下日本，对高楼的需求
其实并没有那么突出。**

1-4 河边像屏风一样一排一排的建筑是什么呢?

之前我在东京的天空树（晴空塔）看隅田川，发现河边有些高大的建筑鳞次栉比连成一段，宛如一座基地，那是什么呢?

 是隅田川东侧吗？
天空树周围一带，在 1923 年关东大地震的时候被烧得一块砖都不剩。
后来出于火灾避险需要，就有了这些避难设施。

那每一座都是避难用的吗?

 对，名字就叫"都营白须东公寓"，这些建筑就好比一片大大的墙，防火防热。
夹在它们和隅田川中间的，就是疏散用的大空地，而且它们顶部还设有水箱等喷淋设备。

厉害厉害，跟真的基地似的!

 日本有不少木造建筑，而木质容易起火，关东大地震的时候就有很多逃到旧厂区的人被活活烧死了。
前事不忘后事之师，所以有了这种预案。

那类似的防火建筑在日本很常见吗?

为防火设计的建筑倒是常见,但像这么大规模的还是很少,因为除了造价不菲,还占据大量土地,而且把这么大块头的建筑摆在那儿,也影响到市容市貌。

但无论如何,防火是红线要求。

那有何应对之策呢?

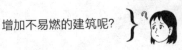
增加不易燃的建筑呢?

正是如此。与其考虑火灾时的紧急避险,不如想办法让火没那么容易烧起来。

所以法律就规定了,市中心和大马路旁边的建筑顶部、墙壁一律要使用难燃材料;而医院和公寓,则内外都必须是难燃材料,类似的例子还有很多。

原来这是控制火情的防灾要塞。

日本有没有"围城"？

最近看电视，发现国外有些城市是用一道道墙围起来的，日本有这样的情况吗？

 是石壁围起来的吧，像法国的卡尔卡松城堡之类的吗？

有点说不准，大概是这样的吧，您要是看过《进击的巨人》就知道了。

 日本的城市不是这样的……不过倒是有用护城河或战壕围起来的。比如大阪的堺市，当年城中的商人为了安全，就亲自挖了一条护城河。[1]
当时京都的市镇也是如此哦。

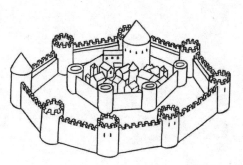

都是这种方式吗？

 是的，当年丰臣秀吉建造了一个超大型的防御工事，叫"御土居"，把京都的市镇全部围了起来。
江户城也是一样，现在的千代田区一带，当年可是用护城河和石头围得严严实实的。
它的特别之处就在于，除了城区，连"城下町"（外围部分）都一并围了起来，

> 1. 这种就叫作"自治城市"。

第1章 像鸟一样，俯瞰我们的城市　　11

形成一个大大的城池，入口有人把守。
现在的"见附市"也由此得名，一些当
年的石栏还遗留至今。

哇，整个千代田区都是啊……真是个大工程！

日本的护城设施多数都是借助自然地形，
比如河流、斜坡等，而不是建墙。
不过从"要塞城市"[1]的角度来看，以城
区为中心发展起来的城市，江户的也好，
欧洲的也好，还是有很多共通之处的。

> 1. 还有小田原城、大阪城、姬路城及其外围，都可称为要塞城市。

果然世界上很多城市，建造的初衷都是抵御外
敌啊！

确实是这样的。
日本的城下町当中，还包含了很多叫"寺町"的地方，聚
集了不少寺院，你知道这是做什么的吗？

寺庙？是为了扫墓方便吗？

错了错了，寺町都是围着城下町而建的，也可以起到防护
的作用。

这我真没想到。

因为在紧急时候，寺庙便于人员集中，屋子够多，建得又
厚实，非常方便起居。
但要注意，"寺町"和"寺内町"虽然名字相近，却是两
码事哦。
前者是为了保护城下町，后者则是为了保护寺庙本身而发
展起来的。
还有一个和寺庙大有关系的地方叫"门前町"，则是靠着
做香客生意逐渐兴盛起来的。

咦?

我们提到了城下町、寺町、寺内町、门前町，其实还有许多其他的，比如在农村自然形成的 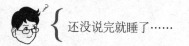 、挨着大路的"宿场町"，等等。

产生的过程不同，名字也随之而异，却都有着各自的特色。比如城下町的道路设计蜿蜒曲折，就是不让你轻易进入主城区；挨着大路的宿场町则是四通八达。

但也不能一概而论，很多城市都是兼具特色的。

比如宿场町也有道路曲折的地方。

从起初到现代，城市已有诸多变迁，历史的印记越发模糊，不过我们在追溯历史的过程中寻访自家城市的起源，也不失为一件有意义的事吧。

......

还没说完就睡了……

虽然日本没有"围城"，但放眼世界，多数城市建立的初衷就是"抵御外敌"。

第 2 章

东京的"素颜"，竟是旧日的江户？！

2-1 江户的规划建设，离不开一个超大的地标，你知道是什么吗？

 经历了关东大地震和"二战"以后，东京江户时代的老建筑已经毁得差不多了，但"江户之魂"是依然存在的，所以要了解东京，就要从旧时的江户入手。

原来是这样，我只知道现在的皇宫是当年的江户城，还有其他残留至今的吗？

 岂止是残留这么简单呀！
对后世影响大着呢！

这……老师……吓死我了！

 啊不好意思，我有点不淡定了……
其实江户这座城市，其完整意义上的建成，是在公元 1600 年德川家康创立幕府之后了，最初的人口大约 15 万人。
当时的建设规划是，先在周围的地段找一个地标，然后再以此为参照去修路之类的。
你知道这个地标是什么吗？

在附近吗？那就是比较突出的山了？

 说对了一半吧。

只说对了一半吗？

上野和本乡一带地处高势，当时也是地标之一，但最具有代表性的那个就离得远一些了。

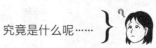
究竟是什么呢……

其实是富士山。

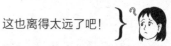
这也离得太远了吧！

虽然离江户有 100 千米之远，但观感还是很强烈的，毕竟当时既没有高楼大厦挡住视线，也没有空气污染迷糊双眼，往日不同今时啊！

如此壮丽身姿，自然是人们崇拜的对象，于是修建的道路也都自然而然地"奔向"富士山。

日本西部地区离得比较远，可能没那么明显，但在东部地区一带因袭的传统文化中，富士山往往是如同神灵一般的存在。

歌川广重《名所江户百景》的"骏河町"

答案就是那时不管在哪里，一抬头就能看得见的富士山。那时曾是江户的标志。

2-2 除了富士山，还有哪些地标一直在影响着江户呢？

 这是江户中心的缩略图。

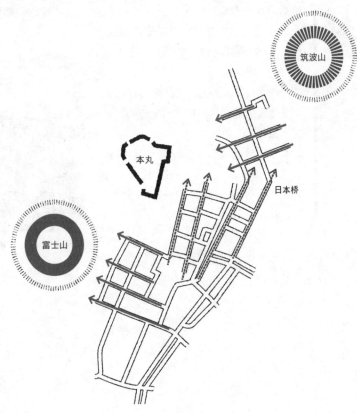

你看看，主干道朝向哪儿，延伸路段又有什么？

正如刚才所说，有些是朝向富士山的，就像日本桥西侧和南侧的道路，即银座一带。

还有一个问题，南北走向的路主要朝向哪里？

呃……不知道。

其实在很久之前是朝着茨城县的筑波山的，筑波山海拔虽不足 1000 米，但相对于平坦的关东平原，还是非常突出的。而且从地图上看，正好处在江户的"鬼门关[1]"，于是当时有人就觉得，只要守住那儿，江户就不会有失。

那这个人是谁呢？

我提示你一下，他是江户的创建者，也就是开创江户幕府的人。

是德川家康！

是的，德川家康非常重视筑波山，还在那里建了神社。

答案是筑波山，德川家康视之为江户的门户，高度重视。

2-3 江户的物流运输是怎样的呢？

 在没有汽车的江户时代，江户这座城市的物流运输靠的是什么？

我知道，肯定是马车吧。

 大错特错了，当时这座城里是没有马车的。

不会吧？为什么呢？

 出于一系列原因，幕府把马车给禁了。
其一是想通过限制大宗物流来防止叛乱，其二在当时只有武士才能骑马的，商人骑马的话可能会被视为僭越。
况且路况也不适合马车行驶。
好，你再想想？

不是马车的话，那就是牛车了吧？

 牛车是自古就有的，勉强算你对吧，其他的还有轿子和板车等。
不过当时运输大宗货物还不一定非陆路不可。

嗯……不用陆路的话，那就是水路吗？

 答得好！当时的江户可是"水之都"啊。
江户本来就地势低洼，海水容易倒灌，于是人们填海造地，创造居住条件，同时开水路、凿运河满足交通运输。

你知道总设计师是谁吗？

应该也是德川家康吧！

正是。

有了船运，再大再重的货物也能方便、迅速地流通。

有货运就必然有仓储，批发市场随之应运而生，市场的人员流动也激发了零售和饮食行业的需求。

所以正因为有了遍地开花的物流运输，人员才高度集中，城市也就越发充满活力。

在 18 世纪，江户的居住人口超过了 100 万人，跃居当时世界上最大规模的城市，靠的都是这些运河啊。

歌川广重《名所江户百景》的"骏河町"

意大利的威尼斯也是以运河著称的吧？

对的对的，水是城市繁荣的关键。

放眼世界，那些大城市哪个不是靠海、河或湖的，都是以水为邻。

**运输大宗物品还是水运效率最高，
所以才有了这星罗棋布的运河啊。**

2-4 江户居民的饮用水源在哪里？

不是说江户是个人口大市吗？

 是啊，据统计，江户幕府末期人口已经超过了100万人。

当时也没有高层住宅啊，那这个数字不是很夸张？

 是啊，当时可是拥挤不堪。

那生活供水不成了大问题？

 问得好！供水是城市建设过程中非常重要的课题。
德川家康对此也早有预见，对治水问题高度重视，一上来就调整大河的流向，修建堤防。

治水千万条，防洪第一条啊。

 是的，然后就是挖井，不过由于靠海，所以水都很咸，难以作为饮用水。

那不是麻烦了？那后来怎么解决的呢？

 就是利用途经当地的河流。
其中一个典型例子就是借助神田川的流水的上水道——神田上水（自来水），而神田川的流水发源于"井头池"。

"上水"这个词我也知道，就是供给饮用水的吧？

没错，但过了一段时间后，神田上水的运力捉襟见肘，于是又架设了"玉川上水"，从多摩川上流引水至四谷一带。
由此水资源就通过这种木管道运输，基本满足了江户居民的需求。

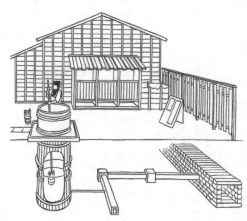

太棒了，这样大家洗澡就不怕没水了。

不过说是简单，实际可是一项大工程啊。
玉川上水全长超过 40 千米，得保证水源安全平稳地输送到每一个角落啊。

水往低处流，那就等于要修一个超过 40 千米的又要相对平缓的斜坡？

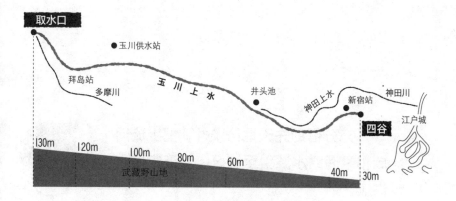

一般来说是要这样，不过实际是受惠于西高东低的地理优势，东京的地形是西边山峦林立，越往东走地势越低嘛。而取水口直接伸到了这些山峰的最高处。

原来靠的都是先天优势啊。

也不能完全这么说吧，你要知道，地理优势是一回事，但以当时有限的技术条件，能不能发现到这个优势又是另一回事了。
可以说，能有今天的东京，除了先天的地理优势外，也离不开先人的智慧。

充分借助先天地势条件，把上流河域和泉涌的水源引至城区，保证饮用水供应。

2-5 为什么很多地方看不到富士山，却起了个"富士山景"的名字？

在关东地区的城市，有不少"富士山景町""富士山景坡""富士山景台"之类的地名，然而当中的大部分都是看不到富士山的，那为什么还会取这样的名字呢？

我知道了，是因为以前这些地方没有高大的建筑，都看得到富士山的。

是的，这些带有"富士山景"的地名，现在也算是一种怀旧吧。

但对于后人来说，建起来的高楼不是挡住视线了吗？就不能做点什么吗？

这就很难了。
"二战"后的日本坚持以经济建设为中心，对于房地产的开发建设，只要不越过底线，在一定程度上都采取自由放任的态度。
至于人们观景受限的问题，那也只能先开发后治理了，能明白吧？

嗯，在"要面包还是要浪漫"这个问题上，肯定是选择前者呀。

是的，后来随着高楼大厦一栋一栋建起来，城市的风光也越发没有了韵味。

不过到了今天，人们对于城市风光也越来越重视，还制定了相关的法律法规，来保护名胜古迹等有特殊价值的景观。

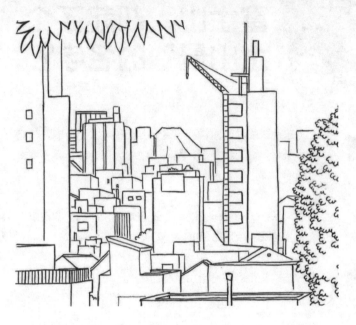

以前这些地方都是看得到富士山景的，现在看不到也只能怪我们自己了。要知道，城市混杂着人们各种各样的考量。

第 3 章

寻访都市的边缘

3-0 在一座城市里，城区的分界线在哪里呢？

 城市与城市之间的陆上交通，基本上都是放射形的公路网。而从江户时代一直沿用至今的东海道、甲州大道、中山道、日光大道和奥州大道，就是东京通往其他城市的要道。
那我考考你，沿着公路从市中心开始一直往外走，城市的模样会有什么变化？

高层公寓会越来越少，只能看到低层建筑。大一点的建筑比如家庭餐馆、超市、拉面店等，都只设立在大型停车场里面。
地广人稀，以各种农田为主。

 除非是在车站附近或者小区，一般离开市中心超过 20 千米都是这样子的，这些地带我们称为郊外。
不过要是在以前啊，郊外和市中心几乎就是一线之隔，在明治时代，新宿还是郊外呢。

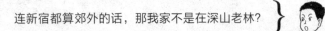

连新宿都算郊外的话，那我家不是在深山老林？

 你家算不算深山老林我就不知道了……
有了铁路以后，城镇就会以火车站为中心逐渐兴起，再带动房地产的发展，于是有小孩的家庭就会在郊外买房子，借助轨道电车来往主城区通勤。

不过也有很多人住在市中心公寓啊。

那当然了，通勤族就不用说了，退休老人也都希望在便利的市中心生活。

不过由于房价高，住房都是以精简户型为主。

另外，虽然郊外的老年人口在增长，但总人口的下降导致零售业不断萎缩，所以在郊外"有钱没地方花"的"购物难民"[1]问题也很突出啊。

1. 因住所附近交通不便而不方便购买日用品的人群。

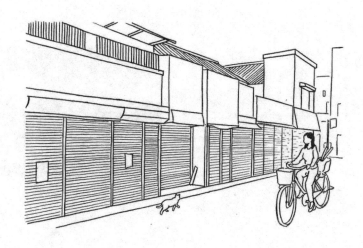

分界线还是很模糊的，因为郊外也在不断延伸。

3-2 为什么郊外会有很多大型商店？

为什么郊外的商店都那么大呢？而且个个都差不多，挂着大大的广告牌，停车场也大。

这些沿着大道设立的大商店，都称作"公路商店"，现在郊区的商店基本上都是这些了，总之就一个字——大！

感觉很像美国啊……

那你知道为什么日本也有这么多这种商店吗？

很明显，就是为了方便有车一族啊。

是的，住在郊外的人平时主要都以车代步，开车购物的话往返便利，还能一次买不少东西。
而这些商店商品丰富，跑一趟就能买到所有需要的东西。
最关键还是受惠于郊外楼价低，所以商店和停车场都建得足够大、足够多。
但这些都还不是公路商店在日本井喷的最主要原因。

那到底是什么原因呢，是国外连锁品牌的加入吗？

哇，看你年纪轻轻，头脑很灵活啊。

其实在 20 世纪 70 年代大型商店起步发展的时候，为了保护传统的小型零售业，日本法律对大型商店的设立有着诸多限制。

但到了 90 年代，美国开始对日本政府施压，认为它们阻碍了美国企业进入日本市场。

于是日本政府放松管制，制定了新的法律[1]，规定只要不违反新法律，就可随意开设大型商店。

> 1. 即《大型店铺土地使用条例》，规定只要不产生交通拥堵和噪声污染等环境问题，就不限制店铺的经营。于是大型商店纷纷进驻到郊外，吸引了大量的客流，使得传统商店街日渐凋敝。

放松管制，就是没那么严格的意思吧？

是的。

于是在郊外和二三线城市，公路商店和大型超市就如雨后春笋一般涌现，日本很多传统的商店街受到挤压，纷纷倒闭，变成一条条"无人街"。

人们常说的"日本城市的郊外都一个样"，缘由就在于此。

汽车普及率的提高、美国政府的施压，是日本大型零售业起步的两驾马车。

3-3 郊外的单家独户和市中心的高层商品楼，哪个更宜居呢？

之前我爸妈说想住独户呢。

我家意见刚好相反，都想住公寓，而且是在市中心靠近车站那种，高层的就最好不过啦。

 为什么想住高层的商品楼呢？

又好看又气派啊，显得有上流社会的范儿呢。

我是喜欢单家独户，既有自己的庭院，又不怕邻里之间吵到别人。

单家独户麻烦得很啊，你的花园不得天天除草？

公寓也好不到哪里去啊。我爸已经抱怨很久了，邻居在阳台抽烟弄得自己屋里也有烟儿味，业委会的事情又多又烦琐。

 不管选哪边，都是好坏参半了，主要还是看自己喜欢哪种。不过单从房子本身来看，郊外的单家独户也好，市中心的高层公寓也好，都是有各自的缺点的，这些最好先提前了解一下。

郊外的单家独户有什么不好吗？

正如之前所说，市中心以外地区的人口在不断减少，随之而来的，商店、学校、医院等和生活息息相关的场所也会关闭。

随着这种趋势恶化，整个地区就会变成"鬼城"了。

真是细思极恐啊……那高层公寓呢？

高层公寓的坏处要等住进去一段时间后才会显现。

别看那些新建的高层公寓气派豪华，但总会有需要翻修改造的一天，而这笔翻修费用就可能是个无底洞了。

首先，起重机之类的大型作业工具是必须要用到的，而能承接这种大工程的企业很有限，所以翻修成本一定比一般的公寓要高。

当然，公寓业主平时都在承担维修基金，但应付这种大工程恐怕是杯水车薪，这时候谁来填这个坑呢？

感觉肯定会有业主以各种理由不掏钱……

是的，要让所有业主达成共识，真的很难。

那最坏的结果不是要一直拖下去？天哪！

这也不奇怪的。

20世纪90年代后期开始，由于政策松绑，高层公寓也得以在市中心的一部分地区兴建起来，然而在利润的驱使下越建越多，持续至今。

有些楼盘是只管把房子卖出去，至于将来会怎么样、符不符合既定规划，是没人关心的。

看来我得好好劝劝爸妈了……

想住单家独户也得三思了……毕竟远亲不如近邻啊。

那照这么说的话，靠近市中心的单家独户，或者相对低层的公寓，不就是我们正确的选房方式？

可不是吗？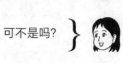

 好的房子不是可口可乐，全世界一个味儿。

每个人的生活方式不一样，适合自己的才是最好的。

既然成年人有追求自己生活方式的自由，那么重要的就是提前了解每种选择的好与坏了。

本来我还不想长大的，被您这么一说又觉得当大人挺好的。

自由选择住处，自由选择生活方式，但也要懂得权衡利弊。

3-4 为什么市中心是物质最丰富的地带?

在郊外待久了，一回到城区，就压抑得喘不过气来……

 因为东京是首都，所以国家的重要机关和大企业的总部都纷纷集中到这里来了。
之前也说过，这样有利于提高工作效率，降低人员移动成本。
不过各个职能部门太集中的话也有坏处，你们觉得是什么呢?

我想想……会导致人口激增吧。

 是的，到哪里都会有特别多人。

人口一多，住房面积也跟着缩水!

 是的，都要挤小屋子。

还有房价被抬高，催生越来越多的"房奴"。

 对啊! 这房价也太离谱了吧!

您先别激动，有话好好说……

 啊……一不小心老毛病又犯了。
是的，城区房价一高，人们就会选择在郊外买房，然后又都在城区上班，所以早晚高峰电车都会人挤人。
还有呢?

幼儿园学位会变得紧张。

我妈说当时也是拼得头破血流，我才上得了幼儿园。

还有，幼儿园学位供应不足，带孩子和工作就会成为女性的两难问题。

如果带孩子的负担过重，人们就会倾向于不生育，从而导致人口减少，这可是大问题啊。

那除此之外，你们知道还有什么可怕的问题吗？

好歹提示一下嘛……

提示就是……你们看过奥特曼吗？

跟奥特曼有什么关系吗……

……您指的是如果有怪兽来了怎么办吗？

对对对，说的就是这个！

城市各个职能部门如果太过于集中，应对灾害的能力就会很差，即使要重建也会旷日持久。

东京好比日本的心脏，要是停止了的话，整个日本就乱套了。

所以很早之前就有人呼吁"首都功能迁出"和"地方城乡振兴"了，可是到目前为止仍是雷声大雨点小。

为什么呢？
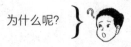

因为这些都很难，首先是耗资巨大，另外也有不少观点认为迁出首都功能会打击经济。

但这样下去地方的日子会越来越难熬，所以从国家层面得做一些应对了。

你们听说过"消亡风险城市"这个词吗？

没有，是"城市要消失了"的意思吗？

是的，指的就是那些由于人口减少面临消亡危机的基层城乡。

根据一项统计，在 2010 年到 2040 年的 30 年间，日本全国大约一半的市区乡镇中，20 岁到 39 岁的女性人口将降到目前的一半。[1]

> 1. 日本振兴工作会，人口减少问题研究分会，2014 年。

真是细思极恐啊……

都说"来了就是城市人"，城市经济是发展了，但发生灾害时怎么办？周边城乡的衰落又怎么办？希望政府统筹兼顾一下。

大城市功能的高度集中是无可避免的，但现在是时候想想怎样化整为零了。

3-5

这边全是居民区，河对面则全是耕地，为何如此不同？

这里面大有玄机，且听我娓娓道来。

现在日本的人口数量在不断减少，但在"二战"后的经济高速发展期（20 世纪 50 年代中叶到 70 年代中叶），人口数量是迅速上涨的。

啊，我也记得您之前说过这事儿，那个"绿色隔离带"折腾了半天，也是瞎忙活了吧。

对对对，你记得挺清楚嘛。绿色隔离带虽然没把东京围住，但其中的绿化设施还是保留了下来[1]。

东京的城区看上去漫无止境，但出了 23 区，就基本上都是以车站为中心的民居了。要是再往外走，就都是农田了，这都得益于法律对郊外耕地的保护。

而在这些法律的约束下，一座城市就基本上分为开发区和保护区。

开发区也可称为城镇化区域，东京几乎所有行政区域都属于这种；

保护区也可称为限制（开发）区，顾名思义就是限制城镇化建设。

在保护区建房子基本上没法报备的。

不过虽然法律上限制得很严，但最近也逐渐放开了，也有不少允许在保护区建民宅的案例。

1. 1968 年制定的《城市规划法》。

什么政策都放开，就是要放任了呗！

 现在不是人口负增长吗？有些地方为了鼓励人口迁入，就想出了这么一个方案，为保护区的民宅报建实行政策松绑。不过在这种城市，稀稀散散的民宅不断向城市边缘延伸，所到之处放眼望去，给人感觉就像一块海绵。

人口减少了，空房子不就多了吗？怎么还要建新的呢？

 是的，不琢磨利用空房子，却乐此不疲地建新的，其实真的不划算。

而且如果家家户户过于分散，那么像供水供电这样的基础保障设施成本也会不断增高。

所以有些人口负增长的城市，就提出了"集约型城市"的口号，鼓励大家都在市中心一带安家。

城市内部也分开发区和保护区。

什么是"集约型城市"?

具体来说,集约型城市是什么样的呢?

具体来说就是,让政府、派出所、银行、医院、学校、商店等满足生活基本需要的公共服务单位都集中到市中心,鼓励人们都在市中心一带安家,享受便捷的生活。
在这个构思之下,很多面临着人口负增长困境的地方城乡就开始了新的城市规划。

让城市更集约……意思就是让人们都往市中心靠拢吧?

是的,对此你有什么好办法吗?

我想想啊……要是我的话,就想办法让市中心交通更加便捷。人们都往郊外跑不就是因为有私家车吗?那我干脆规定市中心的公交一律免费!

好主意,公交系统的确是个很好的切入点啊。
比如富山市就有那种很高端的公路电车,让生活在汽车站周围的人们出行完全不用借助私家车,由此还缓解了城区的交通压力。
还有别的措施哦,比如提供免费的共享单车,对在市中心买房的人提供补贴,鼓励人们搬迁。

富山市的路面电车

集约化这个想法好！这样就皆大欢喜了吧？

不过实际操作中也有很多问题哦。

比如呢？

比如市中心的房价和车位费肯定更高，你不一定劝得动
别人搬过来。
再说都住了这么多年了，谁都不想轻易地搬家吧？
况且都有自己的私家车，在郊外都已经住习惯了。

也是哈。换作我的话也不乐意，太麻烦了。

还有别的问题哦。
比如，就算市中心有再多的大型购物商场，只要郊外的大
型商店还在经营，那些有车一族就不会特意跑去市中心，
所以现在二三线城市中心的购物商场都在纷纷倒闭。

是这样啊，再说还有网购呢。

虽然积重难返，但国家也通过财政力量出手了，推动城市
的集约化已经是日本的一项基本国策。
你听说过"用地合理化规划"这个词吗？

没有。

没听过也不怪你。

简单来说就是，比如像医院这样的重要公共服务单位，未来都规划到市中心区域，来提高整个区域的生活质量。

所以国家也是在通过行政手段推动城市的集约化的。

举个简单的例子，如果将来你非要不走寻常路，执意"采菊东篱下，悠然见南山"的话，你就很难享受到城市提供的公共服务了。

"集约型城市"就是引导大家都集中到市中心享受便捷的生活，而且我想这也是未来的发展趋势。

3-7 大学校园为什么往往建在郊外？

我在考虑心仪的大学的时候，突然想到，大学校园为什么往往建在郊外？

 因为在经济高速增长的年代（20 世纪 50 年代中叶到 70 年代中叶），当时的法律规定，大型工厂和大学不能建在市中心[1]。想依靠完善设施吸引学生报考的大学就只好将校园设在郊外了，当然郊外地价也比较低。

还有也是受美国校园风气的影响吧，很多考生都热衷于宽广的校园环境，所以一定程度上参照了美国模式。

> 1. 根据当时的《工厂等用地限制条例》规定，在城区的限制区域，不得设立 1000m² 以上的工厂，大学的新建与扩充也受到限制。

的确，我心目中的大学生活就是可以坐在大大的草坪上吃午饭。

 不过最近有不少大学在把校园迁到市中心哦。

是吗？真是意想不到啊，为什么呢？

 其中一个原因是，上述法律已经不再适合当下，在 2002 年废止了。

另一个原因是，学校数量是固定的，考生却越来越少，为了争取生源只好想尽办法，于是就把校园迁到市中心了，因为市中心更有人口优势。

所以归根到底，还是日本人口负增长引发的矛盾。

说得也是啊，往返学校还是交通方便更好一些。

学校在市中心的话，平时放学后方便四处玩乐，兼职也更容易找。

是的，兼职的选择更多，时薪也更高。
毕业后找工作也方便，各种资讯也是触手可得。
不过另一个问题来了，大家都去市中心了，那么郊外的怎么办？
那些商店和公寓做的都是大学生的生意，如果大学都搬走了，那些靠做大学生生意生存的城市就会凋零了。

如果大学搬走了，留下来的大片土地怎么办呢？真的会让一座城市人气全无啊。

有关这些旧地的使用，得看土建公司和房地产公司的筹划了，而像这种大型土地项目，当地政府也会参与其中。
不管怎么说，大学"城市包围农村"的发展战略，已经是当下的潮流了。

以前法律有规定，大型的校园设施不能建在市中心。不过，现在把校园迁到市中心的大学越来越多了。

第 4 章

随分区变化的城市性格

4-1

你知道吗？城市也像人一样，是有不同性格的

这话怎么说？难道还有天堂之城和地狱之城吗？

 差不多这个意思吧，还是要以城市的功能来划分。
举个例子，如果你家旁边有个噪声工厂，你肯定不喜欢吧？
所以就有期许安静生活环境的城区，也有为商家吸引人气的热闹城区和方便打工者们的工业城区。

原来是这样，那车站周边和大马路一带就属于热闹城区了吧？

 是的，像这些地方还有专有称谓，车站周边和小商店街属于"次级商业区"，百货商店之类的店铺比较集中的就属于"商业区"。

也有公寓建在工厂比较多的区域啊，这又是怎么回事呢？

 你说的那个地方应该属于"工业区"或者"准工业区"吧，这两种区域本来就是为建工厂准备的，不过在里面建民宅和公寓也是可以的。
顺便一提，如果是只能建工厂的区域，就称为"工业专用区"，比如我们的"前海工业带"。

工业专用区，听起来就像是做大事的地方，可惜没什么机会进去参观。

那种地方本来的规划就是要远离居民区，不让大家随意进进出出的。

还有，像这种只留作特定用途的区域，我们称为"专用区"，加上刚才提到过的，加起来一共有 13 种。

你没必要全都记住，只需要知道，开发区的所有场所，都是设立在各自的专用区内的。

那我家也包含在内吧？

是的。像游戏机室、卡拉 OK 这种噪声场所，法律是严格限制出现在居民区的。

原来法律一直这样默默地守护着我们啊。

不过限制得这么严格的只有住宅区而已，而且跟外国比，日本管得还是比较松的。

像在准工业区，既然可以建民宅，那酒店和卡拉 OK 之类的当然也可以吧。

由此看来，日本在这方面做得还是没那么严谨。

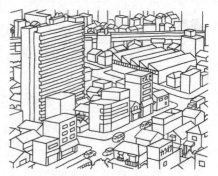

规划用途不一样，每个城市的性格也大不相同。

4-2 坡上坡下，城市风貌截然不同，这是为什么？

你知道"上城区"和"下城区"这两个词吗？

大概知道一点儿，上城区是富人区，下城区则是平民区吗？

对对，差不多就这个意思。
其实不止东京，国外很多城市也是分成上城区和下城区的，你知道为什么吗？

不太清楚啊，应该是自然而然形成的吧？

这就要从城市的发展规律说起了。
一般来说，人们从事生产经营的场所，都优先选址靠水的地方。

工人在河中清洗布料

说得也是啊，靠着水做什么都方便呢。

是的，干活需要的话可以就地取水，货物也可以借助河道运输。
还有一点，以前人们都是在哪儿干活就在哪儿生活的。

意思就是"公司是我家"呗。

 是的，比如以前做买卖的老板，自己家就在店里面，而且一般打工的人也跟老板一起住。

所以今天你会看到，在下城区有很多二合一场所。

原来如此。

 后来干活的地方和生活的地方就逐渐分离开来了，比如有的老板可能会想让住的地方搬到采光更好的高处。

而随着时代的改变，当年的个体工商户伙计，逐渐演变成今天的白领，他们一般都住在郊外，然后坐电车到市中心上班。

由此才有了"在下城区生产经营，在上城区安家"这样的划分。

下城区就是生产经营的场所，以前做生意讲究"水通财通"。

4-3 为什么大院豪宅大都地势较高?

 在江户时代,东京上城区建的不是武士贵族的豪宅就是寺庙,占地面积都很大。

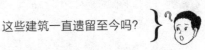 这些建筑一直遗留至今吗?

 是的,那些大院子也还在。
说到这里我又想到了一个知识点,你也了解一下。
你看那些建了不少大宅大院的地方,往往会有法律规定大型建筑的总占地面积不能太大,而这一点除了东京,很多地方都是这样的。

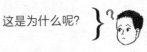 这是为什么呢?

 之前我们不是讨论过"专用区"(4-1)吗?
还有个相似的概念,叫"风景区",同时也有保护风景区的法律,目的就是保护城市里的自然风光。
比如神奈川县的镰仓市,全市一半以上的面积都属于风景区。

 那里靠山靠海,寺庙很多,非常优美呢。

 是的,除了刚才说的建了不少大宅大院的地方,还有自然地貌丰富的地区,以及大型公园,都属于风景区。
东京市中心就有明治神宫外苑和御茶水车站一带。

如果一个区域被指定为风景区，会怎么样呢？

 那么各方面都会有严格的法律限制了。

比如说建筑面积不能超过该区域总面积的一半，建筑与道路之间至少间隔 3 米，房子不能建得太高，等等。

那在这种地方，建新的房子可不容易啊。

 是的，这么多的限制，目的就是让大家感觉尽量别在这地儿建房子。

不过也正因如此，当地古老的地貌和绿色生态才一直得到保护。

这些法律保护的作用是如此之大，所以像京都等历史名城，有很多地方都是划为风景区的。

因为那里以前是武士贵族居住的广阔土地，所以现在也有专门的法律来保护这些历史遗迹。

4-4 那些看上去一模一样的楼房，为什么鳞次栉比地排列呢？

那些连成一排、看上去都差不多的住宅，一般都叫"批量商品房"，意思就是房地产开发商使用统一的设计、材料，在购得的地皮上建起一套一套的民宅后再卖出去，所以才有了这样的景象。

啊，这个我也知道一些，就是开发商批量建成的单家独户吧。

是的，但不是说看上去一个样就一定是批量商品房哦。

还有别的原因吗？
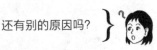

比如为了保护环境，生活在同一区域的各户家庭各自建房子的时候会自发地使用相同的配置，这种情况下也会让你产生批量商品房的错觉。

这个自主制定的规矩，我们称为"房产合约"。

本来在建房子和城市规划方面，都有着一些基本要求的，《建筑标准法》就是其中之一，其包含的都是一些最基本的硬性条件。

但在处理很多实际问题的时候，我们还得具体问题具体分析，于是添加一些细节要求，然后大家共同遵守。

这就是"房产合约"的内涵了。

就是大家共商共议，一起保护和发展自己的家园啊。

是的，大家可以统一规定的事情有很多，比如建筑的最小面积、外墙颜色、屋顶设计，甚至还包括空调室外机的安装位置，等等。

定得还真细啊。

这些规定的好处有很多，比如可以防止过度开发，维护市容市貌的统一性。

背后的原因，既有房地产开发商自己方面的考虑，也有当地住户为保护市容市貌而自发制定的规矩。

4-5 为什么各座大楼都把顶部设计成一个高度相近的斜面？

 这种屋顶像带个斜面的建筑还是挺常见的。

那为什么要在那个地方切掉一块呢？

 简单来说，就是要确保在道路上也能感受到风吹日晒。
如果道路两旁的建筑都特别高，那你走在路上不就像曹操过华容道吗？
所以就需要限制建筑物的高度了，具体做法就是，根据道路的宽度来规定建筑物的高度上限。
那这个高度上限是怎么决定的呢？
如图所示，在建筑对面马路的边线上做一个定点，然后过这个定点引一条直线，使得建筑的各个部分高度都不能超过这条直线。
这条直线我们称作"道路建筑管控线"。

道路建筑管控线

原来如此啊！想要在不越过管控线的前提下尽可能建得高，就必然会成这个样子了。

 是的。
其实这条管控线还有一个用处，就是扩大道路的宽度。

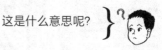
这是什么意思呢?

根据这项管控线的规则,你再看看图,建筑物建得离道路越远,那个定点也会离得越远,除了建筑的整体高度上限得以提升,道路也变宽了。
假设道路两边的建筑各自后退一米,那么中间的道路就可以加宽整整两米呢。
况且建筑与道路之间的空隙也能做人行道用。

定这条规矩的人太厉害了,真的是一箭双雕呢。

是的。
不过反对的声音也不少,认为这样会使得各个区域之间间隔太远,导致来回更费劲,从而与"营造良好的道路环境"的初衷背道而驰。
鉴于此,有些地方也做出了修正,规定只要建筑的墙壁位置和高度符合相关要求,就无须遵守管控线的限制。

这是为了保证道路的日照和通风,因为城市是大家的。

4-6 明明在同一块用地，为什么有些大楼的顶部又不做成斜面?

我也知道建筑物的管控线这回事儿，但为什么在同一条道路边上，有的大楼顶部是斜面，有的却不是呢，这不是双重标准吗?

 观察得很细致嘛。
是的，一整排其他建筑顶部都是斜面的，突然冒出一个不保持队形的，这现象也的确存在。
其实啊，斜面那些基本上都是比较老旧的建筑了，你注意到了吗?

这我还真没注意。

 我们再看一下之前那张图，在以前，当取了定点以后，这条管控线是无限向上延伸的。不过这条后来就改了，规定只要建筑离开定点足够远，该建筑就不受管控线的约束。也就是说，如果建筑位于宽阔的道路边上，或者离道路有足够的距离，就不一定要受管控线的约束。
至于要离得多远才算足够，每个地方的政策都不一样。

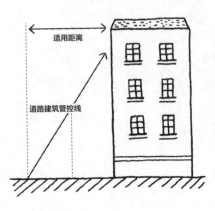

原来是这样的啊。

另外还有单独的法律文件，就是在上节 4-5 提到的，规定在该地区内的建筑只要墙壁位置和高度符合相关要求，就不受管控线的约束。[1]

这主要考虑的是城市整体的面貌，毕竟那些梯田形的建筑给人感觉怪怪的。

1.《市容提升指导方案》。

是吗？我还挺喜欢斜面建筑的呢，让我似乎能看到背后那只"看不见的手"。

萝卜白菜各有所爱吧。

另外，这种斜面建筑的减少还有别的原因，就是一个叫"天空率（天空可视面积比率）"[2]的规定。

简单来说就是，假设你在一座建筑的楼下仰望，所能看到的没被建筑物遮挡的天空面积，与你视线范围总面积的比例。

2. 即在特定地点仰望天空，在除去被建筑物遮挡部分后，眼睛所能看到的同心圆状里天空面积占比的具体数值。就好比鱼眼透视下望天空的感觉。只要该数值不低于规定下限，那么周围的建筑就不受管控线的约束。

好专业啊，我智商不够用了。

也是哈，这个对于成年人来说理解起来也不容易，你也不必强记，知道有这么一回事就可以了。

嗯，反正就是因为有个叫"天空率"的规定，所以建筑不一定都需要带个斜面吧。

是的，你也要知道，这也是"政策松绑"措施的一个典型。

这些新政策都是不一定要受制于管控线的规定实行后，才慢慢建起来的。

4-7 那些梯田一样的商品楼，有什么讲究？

接下来说的是关于斜面建筑的最后一个知识点了。

有一种建筑啊，每一层楼之间就像楼梯一样，每往下一层，就有凸出的平面作为露台用，我们称之为"阶梯形公寓"——你见过这样的建筑吗？

知道为什么要设计成那样吗？

是为了让阳台更大吗？

你的思路错了。

其实还是因为受到管控线的限制，比如之前说的道路建筑管控线。除此以外，阶梯形公寓也有可能是受到了"北侧管控线"的影响。

还有个北侧？那我就想不通了，既然也是管控线，应该和梯形建筑那种的差不多吧？

是的，两个规定的思路是一样的。

你看这图，两座房子朝向一南一北，如果南面的房子建得太高，那北面的不是照不到阳光？

所以两座房子之间就划了这么一条斜线，规定南面房子的高度不得超过斜线。

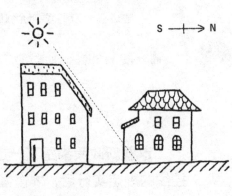

意思就是为了让大家都能照到南面射来的阳光吧？
原来阶梯形公寓也是出于这种考虑啊。

是的，不过这项严格规定是只适用
于住宅专用区的（对采光和通风有
高度要求）。
你在周边有没有见过这种屋顶斜着
的房子？

我家就是这样的啊！听完您刚才说的，我已经知道
其中的玄机了！

那就好。
民宅比较密集的区域一般都会适用北侧
管控线，但实际上受这条线管制的区域
并没有那么多，因为除此之外，还有之
前说过的道路建筑管控线，以及"邻地
管控线"[1]。
这种相对没有那么严格的规定。
毕竟公寓可以建在很多地方，所以你朝
北方所看到的阶梯形公寓是阶梯形，但
不一定就是因为北侧管控线哦。
也有可能出于道路建筑管控线或邻地管
控线的要求，阶梯形建筑的阶梯呈东西
走向也说不定啊。

> 1. "邻地管控线"的目的
> 就是要保证邻居相互之间的日
> 照和通风，和其他管控线差不多。
> 不过在非高层民宅区域，一般
> 所有建筑都限高 10 米或 12 米，
> 北侧管控线的存在已经足以保证
> 日照等相关权利，所以一般不作
> 邻地管控线的要求。

又来新的了……我脑子有点乱了……

是挺复杂的吧？
总之你只需要记住一点，不管是梯形建筑也好，阶梯形建
筑也好，无非就是三种管控线的其中之一在起作用，不是
道路的就是北侧的，再不是就是邻地的。

原来如此啊。

还有一种可能，就是"阴影管制"的规定在起作用。

话音刚落又来新的了，不过感觉这个容易理解一些，
就是为了不要挡住邻居家的阳光对吧？

是的。

在 20 世纪 70 年代，大型公寓开始涌现，越来越多的地区
面临着日照不足的严重社会问题，为了保证最低限度的日
照权利，就制定了这项规定。

不管怎么说，每个人都是有感受温暖阳光、开启健康生活
的权利的。

以这项人权为基础制定出来的各种法律，对建筑物的外形
有着非常大的影响。

**这也是限高措施中的一项，为的就
是让大家都能看到广阔的天空。**

4-B 为什么大楼的高度都不一样?

我有一个小小的疑问,为什么每座大楼的高度都不一样呢?都已经有那么多限制了,为什么市中心的大楼高度还是参差不齐啊?难道是想建几层就建几层的吗?

 是的,除非特殊情况,原则上是不作限制的。
不过前提是要满足"建筑面积率"和"容积率"的规定。

建筑面积率?容积率?

 建筑面积率就是建筑占地面积与产权地面积的比例。
容积率就是建筑楼层总面积与产权地面积的比例。

有点不太明白……

 我举个简单的例题来说明一下吧。假设一块地皮的建筑占地面积最高50%,容积率最高100%(但实际每个地方规定都不一样)。这块地皮的面积为100m²,那么怎么样才能让建在上面的房子尽可能地大?

建筑占地面积50%

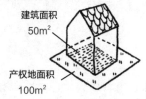

建筑面积
50m²

产权地面积
100m²

我想想。建筑占地面积最高是 100m² 的一半，那就是 50m² 了。那容积率最高 100m²，建两座 50m² 的房子吗？

 思路是没错，但还是没答对。
答案是，房子建两层，每层面积 50m²。

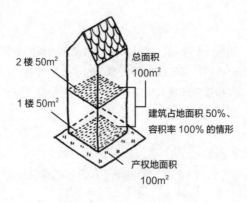

2 楼 50m²

1 楼 50m²

总面积
100m²

建筑占地面积 50%、容积率 100% 的情形

产权地面积
100m²

我怎么没想到！建筑占地面积是只算第一层，不过建筑总面积是各个楼层叠加的啊！

 是的，那我再考考你，假设其余条件不变，建筑占地面积最高 30% 呢？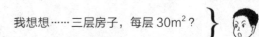

我想想……三层房子，每层 30m²？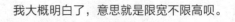

 是的。如果是 25% 就可以建四层了。

我大概明白了，意思就是限宽不限高呗。

 是的。不过以前是高度也有限制的，最高 31 米。

无语……定 30 米不好吗？

 因为以前日本也用"尺"为计量单位，所谓百尺高楼平地起，100 尺就相当于今天的 31 米了。

所以在一段时期内，即使在市中心也几乎见不到超过 31 米高的大楼，那个时候全国最高的就数国会议事堂，约 65 米。

后来什么时候修改的规定呢？

 后来为了迎接 1964 年东京奥运，就加入了容积率这个参数，规定只要不超过容积率，就不限制建筑的高度。
比较有代表性的，就是现在还高耸入云的霞关大楼。

这样啊……不过我还是想看一看那种整齐划一的观景。

 远在天边，近在眼前哦。

在哪儿？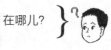

 丸之内商业街，就在东京站附近，都是 31 米标准高的 CBD，不过目前也正在建更高的。

都那么准、刚好是 31 米？难道还在 31 米高的地方画了一条准线？

是啊，为了打造优美的城市环境，都是动真格的，那条 31 米准线也被称为"丸之内的天花板"。

值得一提的是，本来银座有个《地区规划条例》[1]，规定建筑物最高不能超过 56 米，这也被称为"银座规范"。

后来有开发商想要在银座建超过 200 米高的大厦，于是去找区长请求通融，不过由于反对意见很多，最终还是没有批下来。

1. 为防止乱开发，当地政府在听取民意的基础上独立制定建筑物的规模与形制的标准条例，以确保区域建设符合当地实际。

银座中心区域，建筑物一律限高

以前是限高的，后来与时俱进，规则得以修改，允许建更高的建筑了。

4-9 一路之隔，那边土地广阔，这边狭窄土地上的小路蜿蜒曲折，为什么呢？

这是因为，那边在成为住宅区之前已经完成区域改造，而这边则是在原来环境的基础上直接成为住宅区的。
尤其当该片区域以前是耕地时，当时的田间小路和灌溉水渠之类的也就会沿用为人们出入的道路，所以才有了这些又弯又窄的小路。

什么是区域改造呢？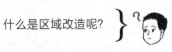

具体来说就是拓宽道路、平整地形、铺设下水管道和修建公园等。
毕竟路太窄，弄不好汽车进不去，公园修建不了，下水管道也无法布置。
要是屋子挨得太密，一旦出现火情就会蔓延很快。
所以就要进行升级改造，让大家都住得舒心。

原来如此。不过要修路，不就要征用别人的土地，那不是超级麻烦？

是的，费钱还费时间。
所以一般都会在趁着建筑覆盖率比较低的时候开始动工，而且多数都是由该片区域的地权人联合会和居民委员会牵头。
从现实来看，对于整个地区来说好处多多，就拿修路和铺下水管来说，可以提升土地的价格。

的确，道路又窄又暗谁都不喜欢。道路宽阔，还有个公园在家附近，那就舒适多了。

道路宽阔也有利于防火，有什么紧急情况，能方便消防车救护车进出呢。

不过也有些怀旧的人会不舍得胡同小巷的风情。

你看新宿的黄金街和思出横丁，每年都会吸引大量的国外游客，所以应该会一直保留下去的。

还是留一些好，虽说井井有条的会舒服一些，但全部都整齐划一的话就未免有点单调了。

新宿黄金街

平整地形、拓宽道路……满足现代生活需求的街区升级改造工程一直在进行。

4-10 大型停车场为什么变成公寓了?

我家附近的一个大型停车场，突然一口气建起了两座公寓，这是为什么啊?

 虽说只是初步判断，但一般这种情况往往跟当事人的遗产税有关。

税? 那就是要交钱了?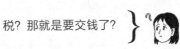

 是的，一个人死后，财产所有权往往转移到妻儿那里，这个流程就叫作"继承遗产"，如果这些财产价值特别巨大，那么继承者就要缴纳遗产税了。

不是吧? 人都不在了还要交钱吗? 难道是去天堂的路费?

 不懂就别瞎起哄啊。
其实税收是收入再分配的工具，欲知详情就找本介绍税收的书读一读吧。

这个等下次吧……

 总之，如果继承的财产中有大面积的土地，就会根据相应的地价来收取相应的税金，如果是市中心区域大面积的旺地，那要交的税就更高了。
如果交不起这笔钱，可能就得先把这些地忍痛卖了。

这就有点过分了吧？人家祖先遗留下来的土地都不放过吗？

这只是最坏的结果，还是有折中的办法的，比如在上面建出租公寓。

为什么这样可以少交一些钱呢？

使用时，当然是空旷的土地比留有建筑的更方便，即使是你所有的土地，上面住着人的话你要做其他事也没那么方便吧？所以土地的价值就会打折扣。

虽说土地的价值是由当地政府判定的，但价值一下降，税自然也就降低了。

原来如此，在上面建公寓就是为了减税啊！

是的，但你建公寓也要花钱啊，而且没有租客就收不到房租了，所以说不定会雪上加霜。

不过毕竟这是一种比较可行的减税方法，所以你会看到在日本越来越多的人在自家空地上一股脑儿地建公寓。

换作我可能也会这么做吧，不过"人是物非"，还是难免有点伤感。

你说得对。

其实还有一种案例，有人因为支付不起税金，就把继承的土地卖出去了。

但由于面积太大，找不到独立的买家，于是就分块廉价出售，然后各个买家又在各自购得的土地上分别建起小房子。

问题是，整个流程看上去是没有什么不妥，但这样真的有利于我们的城市发展吗？

裸地要多交钱，在上面建个公寓就能少交钱，根本原因还是税收政策。

4-11 高楼丛中也混杂着老旧住宅?

之前我见过几座大楼之间还留着一户破旧的民宅，从早到晚都见不着太阳，为什么还不搬迁呢? 高楼都可以随便建在普通民宅周围的吗?

 那种应该是属于拒绝拆迁的"钉子户"。

拆迁?

 就是要重新开发某一片区域的时候，让该区域内原来的住户都搬走的意思。
不过照你刚才说的那种情况，应该是那户人不愿搬了。

拆迁，就是住户把自己的土地卖给对方吗?

 也不一定，可供选择很多，比如可以换取开发商新楼盘的一居，也可以选择直接拿征地补偿费[1]。

> 1. 即土地租借费用，土地使用人向土地所有人支付的费用。

如果是后者，那就是一大笔钱了吧?

 为了说动该住户，开发商肯定提出了很高的补偿吧，不过看来该住户压根不为所动。

听起来有赚头啊，什么时候能拆迁到我家呢?

你家那边都是些普通民宅吧？
除非要修路，不然是轮不到你们的。

那太可惜了。

你知道吗？
现在的六本木新城，以前可是密密麻麻的普通民宅，后来东京市政府、开发商、电视台等联合推出了大型的新开发计划，然后花了大约30年的时间给这些住户一个一个做思想工作，让他们都搬走，才有了今天的六本木新城。

30年这么久啊……会不会有人就是赖着不走呢？
如果一直在那儿耗着，不就可以施压开发商出高价？

呃……你还真是人小鬼大。
的确每个人都有不搬走的权利，即使周围高楼四起把日照都挡住了，只要我乐意住在那儿谁也管不着。
不过如果是政府出于公众利益而进行的开发计划，则可以依据相关的法律规定强行拆迁。[1]

> 1.《征地法》中有明确规定。另根据《城市升级改造法》规定，关于城区的升级改造，在符合相关条件的前提下，只要取得土地所有人的三分之二同意，就可以强制执行。

因为建新楼盘难免会碰到钉子户。

4-12 人去房空的破宅子，为什么还留着呢？

平时看到的那些没人住的破旧宅子，不拆掉还留着干吗呢？

 在我看来，不是不拆，而是不能拆吧。

这是怎么回事？

 其一，委托施工方是要钱的；其二，在屋主身份不明的情况下，由于无法征得屋主同意，所以无法拆除；其三，就涉及纳税的问题了，因为对土地所有者而言，带房产的土地的税率比裸地的更低。

为什么呢？不是还有房产税吗，怎么还会更低呢？

 因为房子是生活必需品，在已经有房产税的情况下，降低土地税率有利于减轻百姓家庭负担。
而裸地由于没人居住，就不存在这个考虑了，所以税率会高很多。

原来如此啊，那不管谁是土地所有者，虽然不在上面住，也不会想去把房子拆掉呢。

 是的，日本的"空房子问题"已经是老大难了。
根据一项统计，全国的空房子大约有820万户，差不多每7座到8座就有1座是空房子。[1]

> 1. 2013 年日本总务省统计局发表。

这数字很可怕啊。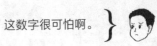

坏处多得很呢。
这些空房子会容易被非法占用，着火了没人知道，长满草了又会影响市容，一天到晚都有虫子在里面叫，还会吸引野猫。

猫咪就没问题吧，谁让我是个"猫奴"呢。

不管怎么说，人们已经意识到问题的严重性，所以国家也在一边统计空房子资料，一边推进立法，以便拆除那些对周边环境影响太大的空房子。[1]
但接下来空房子还是会越来越多的，所以现在很多人和企业都在探讨空房子的潜在价值（7-5）。

1.《空屋管理特别条例》。

原因是多方面的，归于一点就是：
拆了不划算。

第5章

城中绿荫

密密麻麻的住宅区里怎么会有突兀的农地呢？

5-1

这一带都是密密麻麻的民宅，怎么中间会冒出一片耕地呢？上面还有个牌子写着"农产绿地"，这是怎么回事？

 这个"农产绿地"指的就是开发区耕地，你还记得什么是"开发区"吗？

记得。不过从这字里行间看来，原则上开发区是禁止务农的吧？

 倒不是说禁止，一般来说耕地的税率比住宅地的要低，但如果在城区的话，则跟住宅地持平，也就是说市区的耕地税率相对较高。

不过如果能申请为"农产绿地"的话，也能享受普通耕地的税率优惠，只是前提是耕地所有者要在此地经营农业生产30 年，而且税率优惠的期限也只有这 30 年。

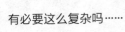 有必要这么复杂吗……

 背后的原因，要从 1970 年前后说起，那时候正在划定全国开发区的范围，假如你是耕地的所有人，你会想把土地划到开发区还是保护区呢？

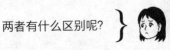 两者有什么区别呢？

保护区原则上是不能建民宅的（3-5）。

那肯定选开发区啊！啊，不过开发区的耕地税率会更高吧？这下难办了……

当时各家农户都面临这个问题呢，不过当时开发区耕地的税率还是比较低的。

您早说嘛！那还是选开发区啊。

是的，当时的农民也纷纷要求当地政府把自家耕地划到开发区，同时也反对加征耕地税。
农民团体人多势众，是选举的票仓，所以政治家们也不能坐视不理。

那就是说很多耕地都得以划入开发区呗。

是的，就这样很多耕地都被算作开发区的一部分了，到这里为止是整个过程的第一阶段。
第二阶段是 20 世纪 80 年代中叶，泡沫经济时期开始了。

啊，那可是个疯狂的年代啊，由此引发的经济低迷持续至今，都不知道何时到头呢。

你懂得挺多啊！
土地供应不足，就是房地产泡沫产生的直接原因。
随着供需严重失衡，土地价格不断飙升，那时候人们就把眼光投向了开发区内的耕地。

也是啊，如果能把这些开发区耕地都提供给房地产用，那么随着供应增加，地价也会下降啊。

就是这个道理，还是你聪明，一点就会。
不过一刀切提高开发区耕地的税率也会伤害农户的权益，而且毫无节制地都改为房地产用的话，也会对城市环境造成影响。所以 1992 年就在城市规划蓝图中明确了以下规定：第一，开发区内的耕地将按照住宅用地的标准来征税；第二，符合相关条件的"农产绿地"可以豁免；第三，农产绿地在30 年内都必须从事农业生产。

那应该就解决了吧？

还没有哦，还有第三个阶段呢，你猜会是什么？

会是什么呢……

农产绿地的税收优惠期限是 30 年，而这个规定是 1992 年开始执行的，那对于一些地方而言，到 2022 年就满 30 年了啊。

那税率一涨回来，不就再也没有人在上面务农了吗？

很有可能，如果在新税率下入不敷出，很多人就会选择"弃农建房"，又或者是把地卖给房地产商。
因此也有很多人担心土地供应增速过快而导致房价暴跌。

现在人口都负增长了，不需要建那么多房子了吧？

是的，再说开发区里有耕地的话，既方便采购新鲜蔬菜，又有利于孩子们的课外学习，所以为了尽可能留住一部分耕地，最近的政策又允许农产绿地 30 年到期后可以以 10 年为单位续期[1]，另外也制定了新的法律，简化了农产绿地承租的手续。[2]

1. 特定农产绿地。

2.《城市耕地承租促进法》，2018 年 9 月施行。

城市中的农地，让市区环境更美好。由此，出现了"农产绿地"。

5-2 为什么很多城市的高楼下面种植着大片森林般的树木?

每座大厦楼下都设计得像个小公园呢,有绿化有空间,有些还有供歇息的长凳,这些都是大众福利吗?

 虽然算不上公园,不过也是公众场所,称为"开放空地"[1]。如果大家建新楼的时候不互相留一点空间,地面不就像握手楼那样无路可走了吗?

所以建筑之间的通道需要适当预留可供歇息回旋的空间,要是还能举办公众活动的话就更好了。

毕竟营造这类公共场所,光靠地方政府建公园是不够的,所以就通过一系列措施,让民间的房地产开发商也配合起来,建楼盘的时候预留一部分公共空间。

> 1. 同是开放空地,也有完全用公共土地兴建的"市政公园"。另外也有法律规定,在面积较大的空地开发房产时,必须用其中一部分土地来建配套公园。

为了让企业配合,政府也会提供一些好处的吧?

 是的,不错呀,还学会了举一反三。
如果在建筑首层区域提供相应的公众空间,那么对部分建筑要求也会提供一些政策优惠。

划重点的时候又到了,那么会优惠些什么呢?

容积率。

就是您之前说的那个吧？我有印象！当时说的
是……

具体请回头看 4-7。
这项优惠政策，就是允许放宽该片土地建筑的面积上限，
一般称为"公共面积补偿"。
比如说本来只能建五层（容积率 500%）的建筑，这时候就
可以再加建一层（容积率 600%），这对开发商来说可是重
大利好。
所以在这种激励下，各种开放空地就在城市中应运而生。

想到这个方法的人太聪明了！

是的，不过部分开放空地也存在利用率不高、人流量不足
的问题，比如周围建筑挡住太阳，使得环境比较阴暗，大
家都不爱去。
但也难怪，因为开发商做的是生意，不是开福利院，一切
当然优先考虑建筑内部的使用。
所以最近有关方面也在积极筹划，以"地区整体规划"的
方式取代以前的分散布局，从城市的高度来打造舒适合理
的开放空地。

因为有政策在鼓励营造供人们休闲
的舒适的公共场所。

5-3 城区怎么会有那么多公园呢？

为什么每片住宅区都有一些零零星星的小公园啊？让人觉得食之无味，弃之可惜。

看来大家对身边的配套设施都不太了解啊。
第一，之前也说过，城市需要一定的绿化和空旷区域；
第二，人们需要公共的社交场所；第三，应对灾害的避难场所是必须要有的。

原来是有相关规定的啊。

是的，现在脑子转得越来越快了嘛。
在住宅区的什么地方，建什么样的公园，都是有明文规定的。
比如说半径 250 米区域内的会比较小，半径 500 米区域内的则需要一个中等大小的，如果是半径 1 千米区域内的话就要建个大的了。

您说的小公园，每隔 500 米左右就有一个吧？

有可能，但也不一定。
和国外相比，日本的住宅配套公园，不管是从数量还是面积来看，都差得远[1]。

> 1. 根据 1991 年的统计数据，日本的城区居民人均公园面积是 10.2m²，东京则是 5.8m²。而巴黎是 11.6m²，纽约是 18.6m²，伦敦是 26.9m²。

为什么呢？

还是因为人多地少啊。
东京是有很多公园，但基本都是很小的。

是的，太小的公园也没什么好玩的。

是的。不过最近东京也新建了一个很气派的公园哦，就是丰岛区的南池袋公园，位于池袋站前的建筑群，同时也作为应急灾害场所使用，植被都是草坪，还有个豪华的咖啡厅，人气很旺。
据有关部门介绍，这里面融合了 Third Place 的理念。

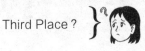

Third Place？

就是"第三空间"的意思。
自己家是第一空间，工作单位和学校是第二空间。
而第三空间就不属于前两者，却可以让你放飞自我。

那我的第三空间就是我经常去的零食店啦。

哈哈，那家店是不错的。
不一定非要零食店或者公园之类的。
只要是能让你静下心来的地方，都是你的第三空间，而如果一座城市处处都是第三空间的话，那不就是一座温馨和谐的城市吗？

这些公园就如中小学一样重要，所以才建了那么多。

5-4 为什么公园里的建筑一般不会很大?

{ 即便是非常大的公园,里面一般都没有高大的建筑,你知道为什么吗?

是因为有规定禁止在公园内兴建大型建筑吧?

{ 是的,相关法律规定,园内只能建与公园相关的建筑,比如休息场所和运动设施,而且总占地面积要控制在公园总面积的3%。

也是,要是什么都能往里建的话,那还叫公园吗。

{ 不过也有特例,东京的芝公园内就有两家大酒店,比较旧的那座建于1964东京奥运期间,不过严格来说,建的时候那块地还只是公园预留地(计划用来建公园,但还没动工),但由于酒店供应紧张,所以就特事特办批准改为建酒店了。
而比较新的那一座则是利用1987年的特许事业制度,以配套公园为条件建起来的。
而且这两座酒店的建筑面积率都放宽到20%,算是政策优惠了。

这个令人费解的词总是挥之不去……

{ 现在来看,有关部门对于园内可建建筑也放松了限制,像幼儿园、福利院、餐馆之类的都允许报建[1],当然是要符合一定条件的,比如建筑面积等。

1.《城市公园法修正案》,2017年。

太好了！那我家附近的公园将来可能也会有商店了。

 也有可能哦。
另外新政策也有利于增加幼儿园学位供应呢。
大家集思广益，让公园发挥更多的用处，也是一件很有意义的事情。

上野公园内的咖啡厅

因为公园是大家的。不过为了物尽其用，以后园内会有越来越多活用的建筑吧。

5-5 东京市中心的大公园，之前是什么呢？

东京市中心的几个大公园，像上野公园、芝公园、飞鸟山公园等，都是在明治初期建起来的，不过在公园建起来之前，这些地方一直都是人流密集的地方哦。

其实原本就算半个公园了吧？

是的，在江户时代就已经算是了，想想那个时候哪里人流最多呢？

我想想啊，上野那边本来就有比较大的寺庙吧？

完全正确！
另外，同一时期落成的芝公园和浅草公园也是的，原本就自带流量了。
而因为种植了樱花树，从江户时代开始，上野公园和飞鸟山公园就成了赏花的胜地。
当年江户幕府第八代将军德川吉宗为了让大家有个赏花的好去处，就开始在飞鸟山种植樱花树，为后来的飞鸟山公园奠定了基础。

歌川广重《江户名胜百景》的"上野清水堂不忍池"

原来江户时代就已经有公园了啊。

是的，只不过有公园之实，却无公园之名。

到了明治初期，新政府决定把这些地方都正式规划为"公园"了，你知道为什么吗？

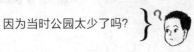因为当时公园太少了吗？

关于上野公园的正式设立，其实当时原本是想把这块地作医科学校用的，后来有一个叫柏德文的荷兰医生向政府建议作公园用，以保护城市的自然环境。

另外，致力于推动日本近代化的明治政府，也深刻地认识到欧式城市公园的重要意义，所以在后来制定东京首份城市建设纲要时，就决定了要建设有巴黎风格的上野公园和芝公园。

值得一提的是，当时的公园采取的都是"公办私营"的模式。

这我还真想不到。

所以明治时代的公园都商贾林立，公园的日常开支都由这些商家来出钱。

东京的几个大公园以前是寺庙之类的人流密集的场所。

为什么公园里到处都是各种禁止标语？

确实是这样的。
逛公园对你来说是家常便饭了吧，不过在解答之前，我先问问你，你知道其实公园有两种吗？

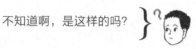
不知道啊，是这样的吗？

严格来说是"人造公园"和"自然公园"两种。
人造公园就是你平时在城区看到的那些，那自然公园是什么呢？

不知道……

那你听说过"国家级公园"吗？
在大自然环境中的公园基本上都属于国家级公园，其目的就是要保护和利用自然。
至于人造公园则有更多细分，大家平时去得比较多的就属于"城市公园"。
而最近在城市公园中，各种禁止标语层出不穷，比如禁止球类运动，禁止大声喧哗，等等。

是的，感觉逛公园逛了个寂寞。

究其原因，毕竟公园是公众场所，所以要照顾所有人的感受。
有人说打球容易碰到别人，有人说大声说话会吵到别人……
所以很多时候就干脆把这些行为全部禁止，让大家都没有意见。

这样是没错，但什么都禁止的话，公园也没什么好玩的了啊。

禁止事项这么多，也是因为个别不守规矩的人让大家都不痛快。

不过，约束太多未免违背建公园的初衷了，所以有些地方在尽可能地减少条条框框，让小朋友们尽情地玩耍。[1]

我也觉得与其一刀切，不如让公园管理部门和游客建立起对话机制，共同协商公园的使用规范。

1. 东京都世田谷区羽根木游乐公园。

✗	自行车禁止驶入
✗	入园犬只须牵狗绳
✗	禁止烟花等明火活动
✗	不乱扔垃圾

因为是公众场所，所以最主要的出发点是不损害任何一个人的利益。但限制太多也未必是一件好事。

第 **6** 章

城市腹地的
广场

6-1 为什么车站附近都规划成广场？

东京站前的那片广场真够大的，一直延伸到皇宫周边的道路，气派得很！

那可是历时 3 年才建成的丸之内站前广场，在 2016 年开放。
车站的候车楼也是按照大正时代时的外观修复的，因为"二战"期间自三楼以上的部分都被飞机炸掉了。
你看现在这雄伟壮观的候车楼和广场，真不愧是我东京的地标。

确实厉害啊。不过尽管可能大小不一，但凡是车站附近的区域都会有个广场呢。

你觉得是什么原因呢？

就两个字，"人多"！来往车站接送的人也多，还需要停车场。

是的，自明治时代以来，铁路运输已经成为城市的基本出行方式，住在铁路沿线的人很多都坐电车到市中心上班，所以各个停靠站和市中心的总站都是车水马龙的地方。
由此车站就成为城市的中心，周围再衔接广场，这也是世界各个城市的普遍发展历程。
我再考你一个深一点的问题，在铁路诞生之前的日本，广场都在哪些地方呢？

等等！之前好像听你说过！是什么来着？

好了不等了。
答案不止一个，首先有之前说过的寺庙和神社。

啊，就是公共场所呗。

是的，摆摊经济也在此萌芽发展。
神社、寺庙附近的道路也吸引了很多专门做香客生意的商家，门前町也由此发展起来。
另外在以前桥头这个地方也是广场哦。

为什么在桥上呢？

之前也说过，江户的运河很多，河一多就需要桥，但以前的桥梁技术水平较低，所以为了尽可能缩短桥梁的跨度，就在桥的岸边连接处加设一个台基。
而这些台基也成为船舶停靠的地方，于是人流增加，从而形成广场。

歌川广重《江户名胜百景》
的"两国桥大河旁"

真是意想不到的知识点啊。

再就是井边这种地方了。
以前很多户人共用一口井，所以井边经常聚集了一群大妈，趁着家务的空当儿在一起聊家常，相当于在井边建的聊天群吧。

大妈们聊天，估计会八卦个没完……

 即便是普通的道路，也曾是存在感很高的广场哦。
虽然日本没有那种欧式风格的广场，但有观点认为，平常的道路就是日本特色的广场，特别是道路之间的交叉处。

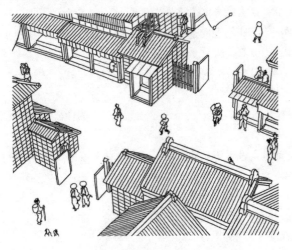

交叉处，就是十字路口的意思吧？

 是的，特别是主干道的交叉处，吸睛效果满满，所以历朝政府要宣布什么消息的时候，都会选在这些地方贴告示[1]，相当于今天的广告牌。

> 1. 这种地方有个专门的日语词，叫"高札场"。

虽说道路和桥梁之类的也具备了广场的功能，但和自己理想中的还是有很大差别啊。

 是的，日本人不会限定某一个场所的功能，而是因时制宜，善于灵活运用。
你心目中的欧式广场是什么样的呢？

就像在电视机中看到的，宽阔的广场边上是一排排的露天咖啡厅，大家都在悠闲地品尝咖啡。

你说的这种就跟欧洲城市的起源模式大有关系了。
欧洲的城市起源大都是以教堂或政府办公驻地为中心，再逐渐往外围建新的建筑，而在这些建筑和中心之间则预留一片空地，以供商业活动、宗教祭祀等。
这片空地的作用巨大，所以也设计得四通八达。
再经过建筑家们对城市布局匠心独运的设计，到了几百年后的今天，这些优美的广场已经成为堪称世界遗产的文明瑰宝。

真了不起。那东京站的广场呢？

东京站是 1914 年投入运营的，距今大约 100 年吧。
不过在以前的日本，各种大街大道才是城市的中心啊。

原来如此。不过大马路车来车往的，还能有心思静静喝茶吗？

所以随着汽车数量的增加，从近代开始，日本传统意义上的广场就逐渐远离道路了。

希望现在我们的城市也能多一些类似广场的地方呢。

说得也是，那我们接下来看看，现代城市的广场都在什么地方吧。

因为在多数情况下，铁路交通都是现代城市发展的前提依据。

6-2 在现代城区中，广场都有哪些（上）?

欧洲城市的教堂和政府门前都会有一个广场，但这显然不是日本城市的标配。
那么现代日本城市的广场是什么样的呢，你们能想到多少可以长时间消遣娱乐的场所呢？

站前的广场？

算其中之一吧，不过与其说是消遣，更像是方便大家碰头的地方。

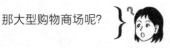
那大型购物商场呢？

是的，人流最旺的地方就数大型商场了，既方便停车，又有足够的餐饮店，即使不买东西也能在里面逛个够。

是的，里面应有尽有，我是常客了。

我也喜欢去，同时也喜欢传统的商店街。

萝卜白菜各有所爱吧。
对于不开车而又独自出行的老人来说，当然是自家附近的商店街方便。
不过对于驾车出行的年轻人和家庭来说，当然首选大型商场了。
虽然很多人都说商场和超市抢了商店街的生意，但我觉得这种想法未免太极端了。

就是商场有意思大家才去的啊，要是没意思的话谁去啊。

也是。
不过商场的存在也会弱化城市自身的个性，普及之后在一定程度上会让每座城市都有点千篇一律的感觉。
再说里面都是连锁商店，连卖的东西也没什么差异。

不过连锁店经营都是统一标准的，反而更放心呢。

是这样没错，但全标准化未免太单调了吧？我觉得应该照顾不同人的口味，有多样选择才是最好的。

出发点非常好，你的观点就属于现在流行的多样性主张。
"多样性"这个词用英语说是 Diversity，意指多样性和不同文化的共存并举。

您说多文化的什么来着？

简单来说就是要"和而不同"。
世界既有国籍的不同，又有男女老少之分，而建设城市的基本目的，就包括让所有人都有便利的生活环境。

的确，现在车站也都加装电梯了，指示牌也增加了
不同语言的提示。

是的。这种便民措施，也可以用一个叫"共通设计"的术
语来涵盖，这些人性化措施在未来城市的发展中也是越来
越重要的。

购物商场，应该算是现代广场的典
型了。

6-3 在现代城区中，广场都有哪些（下）？

 还有哪些地方算得上广场呢？

公园也算吧？

 当然算啊，这是大家都能放松玩乐的地方。
还有其他吗？

一下子还真不容易想得到啊……说到公园，我之前路过一个公园的时候，看到好几个叔叔聚到一个角落，看上去不像是要做什么具体的事，只是在那里发呆。我好奇凑过去一看，居然是在……

什么？他们都在做什么？

他们在抽烟。

不就是公园的吸烟区吗？真是年龄限制了你的想象力。

 哈哈，这也不失为解读城市的一个切入点。
现在想找个地方抽烟也不容易，反正对于不抽烟的人来说，
烟鬼还是很烦人的。

我也见到过类似的场所，就在车站附近的地下通道，没有店家在营业，却有一群人莫名其妙地聚在一块儿。我过去一看，发现居然还有免费 WIFI[1]，连充电插头都有。

1. 属于无线 LAN 的一种，是用于实现电脑与智能手机无线上网的技术。

 这个就算是非常人性化且具有现代意义的广场了，有助于外来游客手机导航充电等问题。

我玩手游"口袋妖怪 GO"也发现，稀有妖怪可能出没的地方都会有很多人。

看网上直播的时候也是，虽然观众身在五湖四海，但一条条弹幕让人感觉大家都聚在了一块儿。

网络游戏也是这样的，上面还附带聊天工具。如果没有线上玩家和你一起玩，那你玩的就不是游戏，而是寂寞了。

玩的是寂寞吗？
这回也算是跟你们学了个梗儿了。
总之不管是什么场所，只要具备了相应的功能性和参与性，就都可以视为广场的一种，比如最近流行的迷你电影院等。
希望身边会有越来越多这种多功能场所吧。

平时我们身边习以为常的场所，可能都是现代意义上的广场。

6-4 大楼之间的交叉地带不能做广场吗?

 之前说过，汽车普及以前的十字路口，都是日本特色的广场。
那么现代城市中的十字路口是否还具备广场的功能呢?

十字路口? 人流是很多，但无非都是过客而已呢。

 那有什么办法可以让人们驻足停留呢?

十字路口车流那么密集，我看有点难吧……

是啊，在马路边上玩也太危险了。

 人车距离太近的话确实很危险，也让人静不下心来。
但如果人行道足够宽的话，或许就另当别论了?

即使有人行道，在十字路口的也全都是等红绿灯的人呢。

 是的，另外为了方便汽车拐弯，十字路口的人行道区域都会切掉一个角，这个被切掉的区域就称为"拐弯缓冲区"。

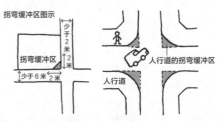

之前还真没注意到这个。

在这种情况下，拐角处的建筑也顺着切掉一块，这样人行道就变得宽多了。

这是为什么呢？

巴黎就是这样的，在拐角处往往经营着一家咖啡厅，门口正对着拐弯缓冲区，人行道上也摆上餐桌，供人们享受露天咖啡。
这个地方视野非常好，是观察行人的好地方。

啊，我脑海中已经有画面了，会让人不由自主地去光顾了呢。

在日本的话，拐弯区域的建筑占地面积率上限是相对高一些的[1]，所以可以建各种各样不同风格的建筑呢。
东京原宿的"东急广场表参道原宿"就是一个非常好的例子，它的门口就正对着拐弯缓冲区，进去之后可搭电梯直上二楼。
电梯内部采用全面镜设计，无形之中让人感觉似乎有一股引力，外面的行人、车辆、行道树会呈现出万花筒一般的视觉效果。
这种让城市和建筑有机融合在一起的设计，在我看来是招揽生意的一种好办法。

1. 规定建筑占地面积率的上限，就是为了防止建筑过于密集所导致的采光不足问题、通风问题和火灾隐患。不过在道路的拐弯区域就基本上不存在以上问题了，所以对于建筑占地面积率的要求也会适当放宽，只要满足相关条件，哪怕升到100%也不是不可以。这么好的政策红利不好好利用的话就太可惜了。

虽然目前还比较少，但能够充分发挥拐弯区域地理优势的建筑正在不断增加。

6-5 修复东京站的巨额费用从哪儿来?

现在的东京站,是参照大正三年(1914 年)时的外观修复的,但这笔修复费用可是天文数字啊。

花了多少钱呢? 10 亿日元左右?

高达 500 亿日元啊!
那你知道这笔钱是怎么来的吗?

既然修的是车站,那就是从大家的车费里凑?

这杯水车薪哪儿够啊。
给你个提示吧,当时为了筹款就把东京站的一部分产权卖出去了。

卖产权的话,那就是允许买方在站内享有一定的使用权啰? 当时卖给了谁?

卖给了车站周边的土地的持有人,而卖出的所谓产权,其实就是车站的上空。

上空?

车站大楼所在用地的容积率上限是达到 900% 的,但既然是要做成 1914 年的模样,就只能建三层了,容积率也最多只能利用到 300%。
那多出来的 600% 怎么办呢?

于是就把这个权利卖给了周边房产的持有人，所以才说是"上空"的产权。

咦？这种产权买来有什么用啊？

购得这项产权的开发商，就能把这部分容积率叠加到自己原来土地的容积率上限上，从而增加建筑的高度上限。
尤其是在需求旺盛的区域，建筑的楼层越多，开发商的利润也会越高，所以在商业上可是重大利好。
据说有座大楼一口气加建了五层以上。

真没想到居然还能这样！

这种做法由来已久了，是美国的纽约开的先例，目的就是要让历史建筑能够在寸土尺金的市中心得以保存下来。
当然，这项权利也不是可以随便买卖的，是必须符合城市规划基本要求的，比如你不能拿东京站的容积率去加高品川的大楼。

唉，刚想说准备告诉我爸，如果手头紧了的话可以卖了我们家的"上空"换钱的。

现在的东京站是靠卖了自家头顶上的产权建起来的。

第 7 章

寻找城区的聚集地

7-1 那边的空地好像在做什么活动呢！

哆啦A梦他们不是老是在一个空地上玩吗？要是我们也有个这样的地方就好了。

想法不错，但目前这种场所是不存在的。

即使有也进不去啊。不过空地都是可以自由使用的吗？平常时不时都会看到很多人在某个空地做什么活动。

当然不是，这是要征得土地持有人同意的。
如果是公共场所，就要取得有关部门的许可。

公园也是吗？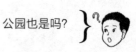

那当然，毕竟是要在公共场所办私事嘛，除了要提前申请，有关部门也会敦促你不要从事危险活动，要维护公序良俗。

那也是，要是玩的地方突然被占了的确会不舒服。

如果是公路，就要向公安部门申请了，比如电视节目要想在公路上取景，需要先获得公安部门的许可。
现在啊，没有什么地方是你想做什么就能做什么的。

唉，什么时候才能像哆啦A梦他们那样有个这么好玩的地方呢……

你说的那个空地上面堆着水泥管，估计是建筑工地存放材料的地方吧，毕竟以前管得没那么严，别人的土地也能随便进出。

不过即便是现代城市的空地，也会有让你耳目一新的地方哦。

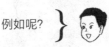
例如呢？

还记得之前说过的"开放空地"吗？这个就大有用处了。

首先在写字楼建筑群之间的开放空地设置餐车服务区，提供各式餐饮服务，做的主要就是写字楼白领们的生意，然后写字楼业主再向餐车经营者收取一定的场地租金。

由此带动人流，相关的经营方都能赚到钱。

真是互利共赢的好主意啊！

是的，有再好的想法，也需要实干者才能付诸实行。

利益才是最大的驱动力，要让社会良性高效地运转下去，就要让大家都有获得感和幸福感。[1]

> 1. 比如在人行道开设露天咖啡厅、移动餐车，或者举办公众活动，等等。这种管理模式又称为"地区经营"，2000 年以来发展迅速，也有相关的法律协助筹措经费，如《地域再生法修正案》。

其实是焕发城市活力的一种有益尝试。

7-2 曾经的工业区，为什么现在有那么多精致的咖啡店呢？

最近我和我妈经常去的一家很漂亮的咖啡厅，好像是废旧仓库改造而来的，周围类似的店也越来越多，这是为什么呢？

你上的补习班，就在清住白河附近吧？

那里以前是一个叫"深川"的下城区，现在成了人气爆棚的"艺术与咖啡之都"。

自 1995 年东京都现代美术馆在其附近开馆后，各种画室、零售、咖啡厅就应运而生。

不过这些店涌现的背后，还有别的原因。

是什么呢？

那里附近有一个叫"新木场"的地方，四周环水，曾是木材行业的聚集地，运输也多走水路，当然也建了很多仓库。

但后来水路运输逐渐被汽车运输所取代，这些仓库也就逐渐被废弃了。

这么多的仓库也有点浪费吧。

所以有人开动脑筋，想到仓库本来就是存放物品的地方，内部柱子少且天花板够高，用来举办画廊展览，尤其是展示大型绘画作品，就再适合不过了。

而且最重要的一点是，租金便宜！

说得也是，本来就是仓库，有不少先天优势。

既能随心装饰改造，又能省下不少租金费用，所以吸引了很多文艺青年前来租场地，于是曾经的仓库区变成艺术集散地。

真是与时俱进啊，像这种怀旧风的铺子，我也很喜欢。

是的，现在喜欢怀旧风格建筑的年轻人也越来越多了，在学术上称为"价值转换现象"。

有点"不明觉厉"的感觉。不过为什么咖啡厅和咖啡制造厂也会选址这里呢？

当然是有原因的。
首先地势四面环水，煎煮咖啡豆产生的烟气比较方便排放。
其次旧仓库旧工厂这些场所天花板足够高，正好用来放置煎煮咖啡豆用的大型设备。

大家在这里可以有适合自己的小窝。

7-3 神社寺庙比便利店还多吗？

日本的神社和寺庙是不是有点多啊？感觉少一些也不会有什么影响啊。

全日本的神社超过 8 万座，寺庙也在 7 万座以上，都比便利店的数目还多呢。[1]

> 1. 截止到 2018 年，全日本的便利店数目大约 6 万家。

比便利店还多，这也太夸张了吧？

就是这么夸张。

究其原因，从很久以前开始，日本人的聚居点都会有一个拜神求福的地方，大致上看，这就是神社的起源。

意思就是差不多每家每户都有一个神社？

就是这个意思。

当时人们不懂医学也不懂天文，所以遇到疾病或者干旱就只能求神了。

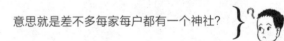

而这些祭祀求福的场所是不可或缺的，有聚落存在就会有这些场所，随着时光流逝一直留存下来，就成了我们今天的神社。

原来如此，那寺庙呢？

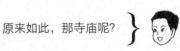

寺庙有这么多，一个重要原因是，当初佛教传到日本的时候，政府以举国体制发展和传播佛教，于是虔诚的教徒也在

全国各地大兴佛寺。

另外也是因为历朝当权者都善于利用佛寺来维护自身统治，比如在城下町建设寺町以作为御敌据点，又如江户幕府通过对佛寺的控制来管理人口和税收，因为佛寺掌握着各个檀家[1]的信息。

怎么听起来有点像居委会的感觉……不过年代那么久远的东西能留到今天也是不容易啊。

是的，尤其是神社，因为自古以来都被视为神圣的场所，所以一般都建在山清水秀的地方。

听您这么一说又像是这么回事，像是能量的源泉。

是的，有的居山之巅，有的邻水之源。

日本人认为万物都有神灵，所以很注重自然生态。

比如我们常说的"御神木"这个词，就源自"一草一木皆有神灵"的信仰，所以大家都有意识地保护树木。

明治神宫有一片很大的森林，但那里并不是一开始就是森林的，而是一棵一棵树种下去慢慢成长，经过百年时间才有了现在神秘的"镇守之森"。[2]

原来寺庙神社从古至今都是大家的精神寄托啊，我要是再敢说三道四恐怕就要遭天谴了。

因为日本人自古以来都尊神拜佛。

7-4 老旧建筑里为什么满是商店呢？

老师有发现吗？有很多建筑虽然比较旧，但里面却有豪华漂亮的商店。

的确有很多，特别是市中心一带比较旧的大厦。东京也有，就在东京站东侧、日本桥的人形町一带，那里原本是德川家康专门分配给商人和手工业者住的地方，是一个历史悠久的下城区。
"二战"时东京一片焦土，但那一带有些区域有幸逃过一劫，所以当年的传统城市风貌也得以留存下来，满满的"昭和风"。

一说到昭和，复古情怀油然而生啊。

现在越来越多人意识到传统事物的价值了，这也是城市高度发展特有的现象。
纽约的仓库一条街也是如此，尽管原本已经废弃，一批艺术家进驻后马上变了样，成了网红打卡点。

这要具备两个条件吧？一是要交通方便，二是要有成本优势。

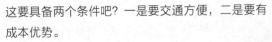

是的，随着需求激增，现在多了不少专营翻修的建筑设计公司，毕竟翻修比建全新的便宜得多，而且也不影响客户打造自己想要的空间。
你看那些楼龄不低的木造租赁公寓，一盏茶

的功夫把天花板移走，屋子一下子就显得宽敞了很多，又不用花什么钱，现在都流行这种翻修装饰。

的确，新房子是好看，但也总感觉缺乏一些沉淀……

是的。
不过这种翻修理念才流行了没多久，之前日本人对房子还是喜新厌旧的，当然这一方面跟日本人注重外表的性格有关，另一方面也是因为"二战"后满目疮痍，国家需要大兴土木重新建设。
与之相对，在地震较少的欧洲，由于留存了不少古老的建筑，所以住老房子反倒是身份的象征呢。

不过现在大家都意识到，其实老房子也能提供一个干净整洁、舒适优雅的生活环境呢。

是的，即使是旧楼，只要翻修得好看，就能吸引商家来做生意，这也是一座萧条的城市的回春之术。

因为大家都学会了充分利用由来已久的建筑，因地制宜、制造商机。

7-5 城区的空旷地带，能不能物尽其用一下？

之前我看停车场没什么车，就在里面玩，结果被批评了。还是哆啦A梦大雄他们幸福啊，能有自由玩乐的地方。

说得也是。
还记得之前我们讨论过空地的用处吗？
其实现在社会各界都在认真探讨这个问题，也已经有很多方案问世，其中一个就是 "sharing economy"。

我不会英语的啊。

sharing 是分享的意思，economy 则是经济的意思。
简单来说就是你我互相分享资源，这样大家都能获得好处。
举个例子，你家的小轿车每天都在用吗？

不，也就周六日才会用到，平时基本上都在停车场放着。

其实很多家庭都像你家一样，所以现在不流行买私家车，而去使用共享汽车哦。

方便是方便，但如果需要用的时候，刚好碰上没车可用呢？

这也是大家共同的顾虑。
不过现在大家都有智能手机了，所以基本上不会有这种问题的。

而且智能手机也进一步扩充了共享经济的范围，不仅可以共享汽车，还可以共享场地，等等。

例如呢？

 比如房东可以在网上发布房源信息，供租客物色。
毕竟闲置的房子就如同荒废的农田，如果能够充分利用起来，对城市的发展是大有裨益的。
说实话，照目前的趋势，等你们长大以后，必定是人少地多的局面，所以"共享经济"的必要性会越发突出。

这我能明白，不过地方再多，如果不能自由使用也是白搭啊。

 是的，所以现在大家都在探索新方案。

如果能给我一片自由使用的空地，我保证好好利用起来！

 随着智能手机的普及，你的愿望说不定可以实现哦。
关于空房子的利用，有个很新颖的概念，叫 Albergo Diffuso。

这是火星语吗？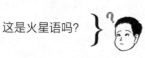

 这是意大利语，是"分散型民宿"的意思。
平时我们了解的酒店，不都是集吃住与购物功能为一体的吗？

难道不是应该这样一应俱全的吗？

 颠覆性就在这里。
为房地产过剩问题发愁已久的意大利，探索出了"城镇全覆盖型酒店"的新模式，通过让游客在市里来回移动消费，带动整个城市的兴旺发展，比如把饭馆

集中在城区，洗浴场所设在附近的温泉，
住宅区的空房则改造成民宿。

这种模式在日本也称为"分散型酒店"，
目前也已经有整合全城招待游客的地
方了。[1]

1. 日本城市民宿旅游协
会等。

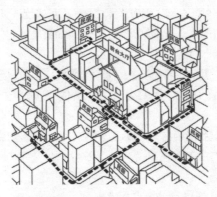

这样对游客也好啊，因为能去的地方更多了。

 是的，对游客和当地都是有好处的，而且参考这种模式的
城市也越来越多，相信将来会成为一种趋势。

大人们都在想尽办法，充分挖掘
城市的潜在价值。

第 **日** 章

道路不能更有趣吗

路有尽头吗?

{ "条条大路通罗马",所有道路都是互通的。

可是日本和罗马之间不是还隔着海吗? }

{ 哈哈,你这个杠精。
先不说罗马,就看日本国内城市,其实有法律规定,凡是都市规划区域内的建筑都必须与宽4米以上的道路直接衔接。[1]

> 1. 根据《建筑基准法》,在都市规划区域中的建筑,原则上都要与宽4米以上的道路直接衔接,衔接面的宽度要至少2米。这个规定称为"接道义务"。

这个"都市规划区域"又是什么? }

{ 就是有关部门划定的城市开发区,涵盖城镇、都市。

那这区域外的就不属于城市,建筑也没有接道义务? }

{ 义务依然存在,只不过要衔接的道路宽度可低于4米而已。

这么一说,果然农村的路都挺窄的呢。 }

{ 是的。
还记得之前说过开发区和保护区的概念吗?如图所示,其实这两个都包含在都市规划区域中的。

原来土地也分那么多种啊…… }

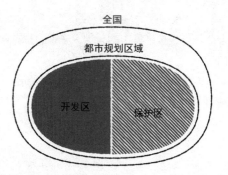

全国

都市规划区域

开发区　保护区

是的，你从"上帝视角"来思考一下，当把土地都分门别类以后，要让城市得到充分发展，是不是应该用道路把开发区的每一个角落都连接起来呢？

这我明白，路通财通嘛。

是的。
另外这一条条道路除了供车辆通行外，其实还有很多用途，你知道有什么吗？

我想想啊……人员应急集合？

是的，当然前提是路不能被车堵住了。
还有别的用途吗？

想不出来了……

从最近大家都比较重视的防灾避险角度来看，除了要可以让救护车和消防车通过，还要可以避险，防止火情扩散，等等，所以道路的设置规划就非常重要了。
我再考考你，根据不同的规划，道路也是分很多种的，你知道有哪些吗？

高速公路和普通公路？

是的，高速公路就是机动车专用道路。

除此之外，还有连接大城市的大型主干道，国道和省道就属于这种。

另外还有同一城市中连接不同地区的区域主干道。

最后还有商店街和住宅区周边的小型道路，又称"生活道路"。

原来道路的门类也有这么多啊。

是的，就是通过这种分门别类，每一户家庭都得以连接到道路网络中去。

而城市规划的作用之一，就是要打造一个融合了不同类型道路的公路网络。

其中最大的难点就是既要保持整体交通顺畅，又要把车流和生活区域隔离开来。

好像很难呢，能做得到吗？

方法是有很多的，比如加强对居民生活区的管理，限制无关车辆的进出；在主干道路修建足够宽的人行道；在普通道路设置单行线和人行道，等等。

不过我每天上学一路上都提心吊胆的啊，别的路段堵车的时候就会有很多车从我们这边抄近道，身边总是车来车往的。

很多地方都有这个问题呢。

毕竟道路不只是车辆行走的地方，也是与人们生活息息相关的场所，所以希望能有更严格规范的管理。

都市规划区域内的建筑都是有接道义务的。

8-2 为什么不能在路中间玩耍?

为什么我家那边的道路全是汽车优先通行的呢?都没法在路上玩耍了。

真是怀念小时候在路上玩耍的时光啊,踢罐子、跳绳、拍画、抽陀螺、画粉笔画什么的,真是小朋友的乐园,对于大人来说也是社交的一个舞台。但不知不觉,道路已经成为汽车的天下了。

就是嘛,像以前那样该多好。

今时不同往日,在车流量大的路段玩耍可危险得很。你妈不也经常阻止你跑到马路上吗?

是的。

玩乐诚可贵,生命价更高,所以要玩的话还是去公园吧。

不过公园也有很多规矩,不能尽兴啊(5-6)。

是的，现在的小朋友都快没地方玩了，所以才有了人们常说的"街霸"（在住宅区附近道路自己玩耍的孩子），以及放任他们的家长。

很多人抱怨，这些街霸吵吵闹闹的不守规矩，很让人讨厌。

玩一会儿也不行吗？

白天玩一玩倒是可以接受，但长期这样的话谁受得了啊？

那在城市里都没有玩的地方了。

城市的规划者也应该摒弃"汽车优先"的旧观念，贯彻"以人为本"的理念才对。

而作为道路的使用者，特别是在人员密集的居民区，也应该多站在别人的立场上考虑考虑。

**因为道路的最主要作用就是通行，
不过城市的道路都只为汽车行驶的话，
就太没意思了。**

哪儿来的这么多广告牌?

我发现不管是市中心还是郊外,都有很多广告牌,有些大得隔着车窗都能看见。甚至有些人迹罕至的地方都架着广告牌,都不知道是给谁看的。

你说的是在高速公路和新干线边上那些吧?

当你看到这些广告牌的时候,有没有一种稍纵即逝的感觉?

日本是全世界广告牌最多的国家之一,不过也有人认为广告牌的存在影响了市容市貌。

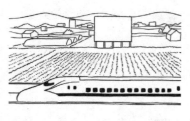

我并不讨厌广告牌,但的确让人眼花缭乱呢。

这也算是日本特色吧。

从整体上看,亚洲国家的广告牌数量确实比西欧国家多得多,因为欧洲国家比较注重市容市貌,对物欲横流的生活方式比较排斥,所以城市都比较整洁大方。

当然美国就另当别论了,日本有再多的广告牌,也比不上美国那么多。

另外,广告牌的尺寸也太大了吧? 就没有人提倡减少广告牌吗?

这就比较困难了,你知道为什么吗?

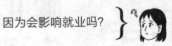

因为会影响就业吗？

是的，广告牌也是宣传行业的一种方式，强行禁止就属于过度干预市场经济了。根据现行的《建筑基准法》，高度超过 4 米的广告牌都被视为建筑物[1]，是需要申请报建的，不足 4 米的广告牌的管理办法则由各级地方政府自行决定。

> 1. 类似的还包括烟囱、铁柱、过山车这样的大型建筑物，等等。

意思就是说对比较小型的广告牌，限制会少一些吗？

这要看每个地方的政策了，有些地方也会要求提交报建申请，但一般不会限制得那么严。

管得松的话，那自然会越建越多呢。

是的。
不过也有些城市对广告牌限制得非常严，比如京都，查处力度非常大。

因为现在日本还没有要限制广告牌的舆论。

游览街是什么地方?

之前见到过有道路取名为"游览街",这是什么意思呢?

游览街这个词是从法语翻译过来的,就是指观光路、步行街[1]这种让人们放松的地方,有些商店街也会取这个名字呢。

> 1. 日语里还有一个叫"地下人行道"的词语,拼写与"游览街"相似,但其实是用英语和法语拼硬凑出来的一个日式外来语。

那这些路段和一般的人行道有区别吗?

我看就是为了和一般的人行道区别开来,才取了这么个名字呢。

这是为什么呢? （此处图片位置待定）

人行道对一座城市来说固然是不可或缺的,但如果仅仅是为了通行的话,那么显然不能满足大家的需求。
那除了通行之外,人们还有什么别的需要呢?

我大概能想到一些……人们可能会在路上观赏城市的名胜风光,可能会在路上聚集……

答得非常好!
正是如此——一座宜居的城市,离不开有强大向心力和归属感的公共场所,也就是气质不输广场的大型街道,即刚才我们说的游览街。
比如可以从地标一带着手,在人行道种上好看的花草树木;

铺上好看的地砖；再设置一些好看的长凳和遮阳伞，这样
一来谁看见都会心动吧？

当然心动啊，再加上一些灯光效果，应该也不错呢。

你这想法不错。
人行道上有了这么多大众福利，大家心里肯定都点赞的，
从学术角度来说，这体现了"附加价值"的原理：游览街获
得这些附加价值之后，无形之中吸引着大家前来聚集玩乐。

原来如此，既然这个词是从法语翻译过来的话，就
感觉更高大上了。

是的。
你说的这个"感觉"非常重要，正是因为"有感觉"，才
能吸引到人群。
总之，能让你在走动的过程中感受得到愉悦的地方，人气
都会很旺，所以除了风景名胜以外，每座城市可能都有着
其他不为人知的游览街哦。

这个词是从法语翻译过来的，就
是要制造一种"高配版人行道"的印象。

8-5

地下区域也太乱了！这是为什么呢？

车站的地下区域真是大迷宫啊，我一个人在里面肯定要迷路的。为什么会这么大呢？

 是啊，东京新宿站尤其夸张，从一个检票口走到另一个检票口得要绕一大圈，可谓一座"迷城"。

对对对，简直就是迷城。为什么设计得那么复杂呢？

 新宿站是许多电车和公交车的始发站，所以非常巨大，平均每天搭乘超过了 300 万人次，是世界之最。
巨大的人流也吸引了商家纷纷进驻，于是车站不断扩建，成为今天这个复杂的模样。

原来是随着时间推移逐渐形成的。

 大概就是这样吧。
日本人多地少，所以都尽可能利用好每一寸空间。
从全世界来看，日本的地下街道算是非常发达的，比如大阪的梅田也很大很复杂，还有人说名古屋的地下街道比地面区域还要繁荣。

那内部规划能不能尽量人性化一些呢？

 这就是要首先解决的问题了。
随着外国游客越来越多，各个地方的日语标识牌的作用也越来越有限了，所以现在要想想怎么改进了，比如增设那种一目了然的图案标识牌。

京都竟然有这种面向外国人的标识牌

像卫生间男女标识牌那种吗？

 是的，就是那种一看就懂的象形图。
现在需要的就是增加这种象形图，方便大家在城市中辨别
方位。

感觉除了外国人，腿脚不方便的人出门也不容易呢。

 是啊，到处都是楼梯呢。
另外值得一提的是，其实盲道是日本发
明的 [1]，希望我们在城市建设的过程中能
够多多采用类似的人性化设计，消除语
言差异带来的不便。

> 1. 1967 年，由冈山市盲人
> 学校附近的居民首创。

**因为日本人多地少，只能地尽其用，
所以就像鼹鼠挖地道那样越挖越大了。**

为什么日本城区有这么多电线杆呢?

总觉得火车站前的广场和其他地方有什么不一样,仔细一看原来是少了电线杆和电线,视野一下子开阔了许多。

 现在这样规划的地方越来越多了,你也会觉得怪怪的吧?毕竟大家都习惯了对着电线杆和电线。

在老师看来电线杆不好吗?

 我在国外真的是大吃一惊,在欧洲的城市你基本上看不到电线杆。

就连亚洲的中韩两国最近也在逐渐淘汰电线杆,转而推行"地下铺线",也就是把电线都埋在地下。

目前所有发达国家中,估计只有日本弄得满天都是电线了。

那为什么日本不做"地下铺线"呢?

 因为"二战"中日本很多城市都被夷为平地了,战后重建的时候也没想那么多,为了能够尽快通电,就暂时默许了电线杆的大量架设。

然后就一直"暂时"到了经济高速增长期(20世纪50年代中叶到70年代中叶)。

后来到了泡沫经济时期(20世纪80年代后半叶到90年代初),也就是国民钱包最鼓的时候,电力公司的收入也有了充足的盈余,才开始筹划去电线杆化。

但很多人就有意见了，说有这个钱还不如电费算便宜一些，最后话题就转移到电费降价的问题上了。

电费降价固然是件好事……

就在这时候泡沫经济破灭，日本经济面临萧条，预算耗资巨大的去电线杆计划也就不了了之了。
但这满街的电线杆、满天的电线，毕竟不是发达国家该有的模样，所以在国道和大型车站这些地方，都逐渐实行地下铺线了。

电线改为地下铺线后的上野不忍路

不过这样的线路改造要花很多钱吧？会不会引起电费上涨？

这里面固然有考虑市容市貌的因素，但最关键的还是发生灾害时的安全隐患问题。
在 1995 年的阪神淡路大地震，电线杆的倒塌就导致了道路的阻塞，而且当时很多火灾都是由于电线断裂引起的。

也经常有报道台风吹断电线引起停电的新闻呢。

是的，而且电线杆本身就会影响道路交通，使那些本来就窄的路变得更窄，很多道路就被电线杆挡着，导致车都过不去呢。

而且涉及电线杆的交通事故，其死亡率都会相对高一些。

电线杆的坏处是不少啊，不过也不是一朝一夕就能
淘汰的吧？

 是的，地下铺线的成本要比电线杆拉线高好几倍呢，不过
其优势还是很明显的，所以今后应该会慢慢普及的。
像京都这类旅游胜地，连同广告牌的整治，地下铺线的项
目早就已经着手进行了。

**因为既费钱又费劲，所以电线的地
下铺设计划一直没什么进展。**

为什么基本上看不到自行车专用道呢?

我有时会看到机动车道旁边有一条蓝道,那是自行车专用道吧?

 是的,涂蓝色,上面写着"自行车专用"的就是自行车专用道了,严格来说是"自行车专用通行带",汽车和摩托车都不允许在上面通行和停车的。
另外还有一种类似的,上面只有一个自行车的标志,就像右图这种,则是"自行车指引线"。

两者有什么区别呢?

 后者只是自行车"优先",而不是"专用",也就是说汽车和摩托车原则上也可以在上面行驶。

有必要分那么细吗?分得我头都大了。

 设置专用道路要做的工作可多了,比如要做标识、分颜色、路中的电线杆要移除,可能还要加宽路面,等等。
于是为了图省事,就弄了个"指引线"出来,这样的话简单做一些标识和划线就可以了。

专用道还是不常见啊，不应该多设置一些吗？很多
自行车都骑到人行道上来了，很危险的啊。

从法律上讲，自行车属于"轻型车辆"，是被视为汽车的，
所以原则上是不允许在人行道上行驶的。

是这样的吗？

是的，按理说自行车也应该走机动车道，但问题又来了，
如果让儿童老人在机动车道上骑自行车，危险性也是不言
而喻的，因此正如你所说，要多设置自行车专用道才行。
最理想的状态就是机动车、自行车和行人的交通安全都得
到保障，有"自行车王国"之称的荷兰在这方面就做得很好。
至于在我们国内，即使受制于财政压力不能一步到位，也
应该见贤思齐，一步一步地去改善。

现在也确实在增加了，只是还远远没到位。
要等到哪一天，自行车、行人、机动车三者的
交通安全才能都得到充分保障呢？

第 **9** 章

在城市中与
水打交道

隅田川上为什么架着各种各样的桥？

9-1

隅田川真够长的啊[1]，上面一共建了多少座桥呢？

1. 隅田川属于日本国家一级河流，全长23.5千米，源于东京都北区的荒川，流入东京湾，是江户时代文化和商业活动的大动脉。

除去供铁路运输的桥，目前共有18座，都建于不同的年代，设计也各不相同，堪称桥梁展览会，对于桥梁爱好者来说再合适不过了。

吾妻桥与千住大桥

桥梁爱好者的世界我是不懂的，但为什么这些桥的设计都不统一呢？

其实在江户时代初期也就千住大桥这么一座而已，因为德川家康不让再建新的了。

我看这也是有他的考虑吧。

是的，桥梁越少越有利于御敌。
但后来由于发生了大火灾[2]，很多人因为无法渡河逃生而被烧死了，于是才汲取教训，修建了两国桥[3]等5座新桥。
随着桥梁的增加，人们的活动范围一下子大了很多，于是江户的发展

2. 指的是明历大火和振袖火灾。这两场大火范围极广，连江户城都不能幸免于难，死者高达10万人！当时江户的建筑都是木构造，冬季又吹强烈的北风，所以火灾频发。这两场大火对后来江户的城市规划产生了巨大影响，当局出于防火需要，便着手修建广场（火除地、广小路等），还规定建筑要使用土墙等难燃材料。

3. 当时隅田川东岸是下野国，西岸是江户（属武藏国），于是连接两国的桥梁就被称为"两国桥"。

势头也迅速向东部延伸,深川(7-2)
也是在这个时候发展起来的。
全世界的大城市无一例外,都是邻
水而生的,其高速发展往往得益于
桥梁的诞生。

是啊,没有桥的话,那就是天各一方了。

 到明治时代,东京取代江户之后又进一步扩大了。
不过这些桥梁除了主框架以外,其余结构都依旧是木头做
的,然后又一场灾难降临了。

什么时候的事?"二战"时候的吗?

 是更早之前的关东大地震,当时很多桥被烧毁,又有很多
人因为无法渡河逃生而被烧死了。
这件事极大地震撼了城市管理部门的高层,他们深感难辞
其咎之余,为了不让悲剧重演,就在灾后重建的时候用尽
一切技术手段,规划了各种结构不一的桥梁,其中很多也
成了今天的文化遗产。
现在你知道桥梁的重要性了吧?
隅田川就是这段历史的见证者。

知道是知道,但我还是不懂桥梁爱好者的世界。

因为经历了一场又一场的灾难后,
人们切身体会到桥梁对城市的重要性。

这里也算是堤防啊？

9-2

我们现在站的地方，你知道是什么吗？

不是河边的空地吗？

这里其实是堤坝。

是吗？这和我平时见的堤坝不一样啊。

是的，一般堤坝都是用土垒起来的。
不过这样的堤坝两边的区域就会区分得太明显，不仅影响景观，还让人疏远河流。
更致命的是，一旦出现缺口，洪水就会顺着堤坝缺口汹涌袭来。
综合考虑上述问题，于是就设计出了我们脚下的这种堤坝，名为"超级堤坝"，在东京的荒川和江户川、大阪的淀川等大型河域都修建起来了，再大的洪水也能挡得住。

这名字就够厉害了，那具体是怎么设计的呢？

无非就是把河岸整个区域的地势都直接抬高了，这样即使发洪水也很难蔓延到城区。
我换个说法吧，就相当于你把房子直接盖在堤坝上。
既然房子都在堤坝上了，那还有什么不放心的呢？
而且去河边也方便，又是大家散步游玩的好地方，所以很受欢迎。

好是好，但这么大的工程怎么实行啊？

你说到点子上了。

做这样的堤坝，工程量巨大是首要难题，把地势抬高就意味着整个区域都要填土加固，这样一来当中的居民就都要暂时拆迁了。

因此像这种工程，已经不是造堤坝这么简单，而是城市规划的大方向了，最适合在什么都没建起来的阶段动工。

工程量都赶上您之前说过的城镇化改造了。

是的，两者都是同一范畴。

你看河边崭新的高层公寓和周边整齐划一的道路，其实多数都是出自超级堤坝项目。

而要在全国范围普及超级堤坝的话，可能需要几十年，甚至会是个百年工程，又耗资巨大，所以反对的声音也很多。

因此，既然当下还没普及，那么日常的治水防洪工作就要老老实实做下去了。

这里其实只是"超级堤坝"其中的一部分。

为什么这段路歪歪斜斜的呢？

这段路蜿蜒曲折，下水道井盖也很多啊。

因为这些路段以前都是河流，后来又是填土又是铺路的，就成了地下河，又称为"暗渠"。

蜿蜒曲折的旧蓝染川暗渠，位于东京台东区谷中

为什么要在上面铺路呢？

经济高速增长期（20 世纪 50 年代中叶到 70 年代中叶），旺盛的房地产需求引发了一波又一波的填河造路工程。
但排水管道的铺设还是赶不上住宅建起来的速度，大量的污水只能直接排入河道，导致臭水河越来越多。
而又脏又难闻的臭水河引起了附近居民的不满，所以就改造成暗渠了。

原来如此，眼不见为净是吧。

是的，当时东京当局大力整治臭水河，拆除破旧建筑，全面普及水泥路，来迎接 1964 东京奥运。
毕竟奥运是世界瞩目的大盛事，可不能丢人了，所以像臭

水河这样的卫生黑点暂时解决不了，就先捂住，于是起码
在表面上，市容市貌在短时间内得到了很大改观。

好像很多事情都跟奥运有关系啊，看来其重要性是
不言而喻的。

 是的，为了举办奥运，东京可是完全变了个样，明治、大
正甚至江户时代的很多痕迹都消失得无影无踪了。
到了这回，恐怕连昭和时代的印记都要被抹去了。

为什么啊？我想起来了，东京又要举办奥运了。

 是的，就是 2020 东京奥运，东京也会由此再一次华丽大变
身，而其中一个改变，就是要让暗渠恢复成原来的河流。

不藏着掖着了吗，是因为现在没有臭味了吗？

 也是原因之一吧，主要还
是因为现在排放的废水基
本上都已经处理过了，而
且打造怡人的城市也离不
开青山碧水啊。
比如以前流经涉谷的涉谷
川，有人说涉谷这个地名
就是取自这条河的，它在
1964 奥运前成了暗渠。
在重新开发东急涉谷站的时
候又重见天日，而且旁边建
了个大广场，上面还有很多
精致的咖啡厅呢。[1]

涉谷大街，位于东京涉谷区涉谷三丁目

1. 即 2018 年 9 月开放的涉谷
大街。

原来大城市中心也有暗渠的啊。

估计比你想象中要多很多，那些蜿蜒曲折的路底下就是暗渠，但笔直的路说不定也是。
有些道路上莫名其妙的桥柱和栏杆，就是在告诉你"路的真相"了。

原来井盖多是因为下面是暗渠啊。

 是的，有些还直接当下水道用了。
另外这些路段一般都不让车进的。

但一般开车的都注意不到这些啊。

 是藏得比较深，但历史的痕迹还是一直都在的，所以也有很多大人喜欢去寻访身边不为人知的暗渠呢。
回味一下自己城市在混凝土时代之前的乡土气息，也是一件很有意思的事情呢。

因为那里以前是一条河，我们可以
通过现存地形的痕迹想象以前的样子。

雨水都流去哪里了?

9-4

在大自然中，雨水会被泥土吸收，成为地下水，最后流入河流和大海的吧。那城市里的雨水会流去哪里呢？混凝土不吸水的啊。

你有注意到道路两旁的小孔吧？
雨水就是从那里流到下水管道的。

那这些下水管道通去哪里呢？

基本上直通江河大海。
不过比较旧的管道同时用作生活污水管，从而把雨水排到污水处理厂，经过微生物处理和消毒净化后，再排到江河大海。
最近不是很多强降雨吗？
其实我们的城市里还有防洪"神器"呢。

是有什么不为人知的"黑科技"吗？

大致分为两种，一种是像游泳池那样的储存雨水的"调整池"[1]或"游水池"[2]，另一种则是让雨水缓缓排到地下的装置。
有些大楼的地下预留了非常大的空间来储存雨水，而采用这种配置的建筑都可以提高一定的容积率上限，所以在市中心这样的建筑越来越多呢。

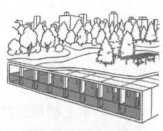

1. 雨水的临时储蓄设施。
2. 用于把洪水排入地下。

有钱能使鬼推磨，有容积率也能使房地产商推磨！

 是的，不过有些时候是用税收优惠和补贴来代替。

有好处就行了！

 毕竟都是为了人民的生命财产安全啊。
另外一种"神器"，就是让雨水慢慢渗进地下的装置，
也已经走进寻常百姓家了。

是吗？我没怎么留意啊。

 你家房子屋顶是有条雨水管的，
一直通向地面，连接到地下的浸
透池，雨水就借着这个路径从屋
顶流到地下。
这个装置的优点是，既能缓解下
水管道的压力，又能达到防洪
目的。

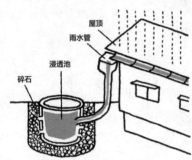

基本上都是直接排入江河大海，另外预
防城市内涝的各种"神器"也是一应俱全的。

9-5 为什么东京高速公路架在了护城河上?

东京的正中心不是有一段高架路吗?
它就是首都高速公路,简称"首都高",不过其中有很长一段是建在皇宫的护城河和其他河流之上的,你知道为什么吗?

具体的我不清楚,估计是因为实在没地方修路了所以只能这么建吧?

你的思路很正确嘛。
首先为了迎接东京奥运会,就在 1959 年定下了首都高速公路的修建计划。
要知道当时的东京既是首都,也是"首堵",使得日本的国际形象大打折扣。
但计划确定下来的时候,已经没多少时间施工了。

只有 5 年时间准备,这也太紧迫了吧?

是的,沿线的拆迁问题就不用说了,地区的升级改造工程有多费劲,你也是知道的(4-9)。
真的是花不起这个钱,又等不起这个时间,那怎么办呢?

那就选在没有人住的地方!

理论上是没错,但在东京能找到没人住的地方吗?

估计够呛……不会就选址在皇宫的护城河和其他河流吧?

是的，另外这条护城河在江户时代就已经存在了。
所以最后的结果是，合适的路段填河修路，其余部分就直接架在护城河和其他河流上，这才赶上了奥运会。

当时大伙争分夺秒顽强拼搏的精神真是了不起啊。

不过后来还是争议不断。
其中一点是因为路还修到了"日本桥"头上，要知道日本桥可是东京的地标之一，也是江户时代遗留下来的瑰宝。
所以后来很长一段时间内都有人要求把路拆掉或者改为地下隧道。

原来焦点是观景问题，但已经修好的路也很难再改动啊。

不过这段路也有些年头了，所以当局似乎打算趁翻修的机会改为地下隧道，将来日本桥或许可以重见天日了。

为了迎接奥运，修筑高速公路迫在眉睫，
而当时能修路的地方就只有河流上方了。

9-6 河边为什么都是大片空地?

在河边经常看到棒球场,是专门选建在这些空旷的地方的吗?

是的,河边地方够多是重要原因。
另外即使发洪水,只要河流和堤坝之间有足够大的空地,就能给堤坝充足的缓冲时间,因此河边都会预留比较大的空地。

原来如此,那太好了,我再也不用担心全垒打的时候把球打到别人家里去了。

这等你能打出全垒打再说吧……
总之河边本来就是聚水的地方,地势较低,时不时就有水患,地基也比较松软,所以以前,地基坚硬的高地被视为上等土地,而河边的土地则要逊色许多。
在没有堤坝的古老年代,比如室町时代,生活在河边的除了靠水吃饭的人和身份卑微的人,也就只有艺人了,因为以前的表演舞台多设在河边。

原来如此。不过现在刚好相反吧？住河边的都是非富则贵。

现在人们治水有方，地基可以加固改良，而且河边视野开阔，风景好，所以已经很少有人嫌弃河边土地了。
不过毕竟水患的风险多多少少还是有的，所以也会对地价有一定影响。

河边让人神清气爽啊，赏花季节人也很多。

是的，说到赏花，河边樱花树那么多也是有原因的。

是吗？难道不只是因为好看？

好看必然会吸引人去观赏，人来人往的就会把河边松软的泥地踩踏实，降低崩塌的风险。
所以作为防洪手段之一，江户时代就在河边种了很多樱花树，而且树的根部也可以抓牢地基呢。
不过现代人则认为树根有可能损坏堤坝，所以原则上是不在堤坝上种植树木的。

歌川广重的《名所江户百景》的"玉川堤之花"

古人的智慧不容小觑啊。

是为了在发洪水的时候有足够的缓冲时间。

9-7

河流上面还有一座桥呢! 但为什么这么窄?

有一次我看到大桥的旁边还有一道很细的桥, 别说汽车了, 连人都上不去, 这是做什么用的呢?

 那应该是水管桥了, 就是过河涉谷的排水管道, 又称"水道桥"[1]。

> 1. 东京的"水道桥"这个地方, 名字就取自神田供水网的水道桥。

原来只是排水管啊。

 你这么想就太肤浅了。
排水管一般都是埋在地下的, 只有在需要穿越地形的时候才会显露出来让大家一窥真容, 而且万一断了的话, 很多家庭就没自来水用了。
所以水管桥虽然细, 但是肩负重任啊。

没有自来水的话生存都成大问题呢。自来水都是取自河流或者水库的吧?

 是的, 取水后会先在自来水厂进行净化, 然后输送到储水设施, 最后再通过供水管送到各家各户。
这就是供水管网的大致构造。

原来水龙头的水就是这样来的。但不是说水往低处流吗? 高层住户是怎么用得上自来水的呢?

 因为有供水泵啊, 泵会把水送到楼顶的储水箱, 再借助重力让水顺势而下, 供到各家各户。

原来每座公寓楼顶类似大铁罐的那个东西是做这个用的。

 不过储水箱也容易藏污纳垢从而污染自来水，所以最近很多公寓通过安装加压泵，让自来水直接从供水管送到各家各户。
这也是得益于泵技术的发展啊。

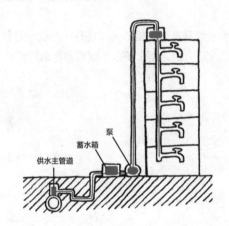

泵

蓄水箱

供水主管道

大桥过人，小桥过水。其实就是穿越地形时露出地表的排水管道。

第 **10** 章

魅力京都的生活方式有何不同

10-1 为什么京都有这么多笔直的路呢?

日本除了东京以外,还有很多有特色的城市,其中不得不说的就是我们的千年古都"京都"。

我们修学旅行去过,真的很棒呢。为什么京都的道路都那么笔直呢?

因为京都作为国都时的道路设计,一直沿袭至今。

啊!就是平安京吧?

是的,794 年日本迁都平安京的时候就是仿照中国长安建的都城,纵 5.2 千米,横 4.5 千米。
而且京都这个地方北边靠山,南面临湖,东侧傍川,西向大道。[1]
在风水学上是一块宝地,这也是迁都选址京都的原因之一。

> 1. 风水学讲究地相,认为东南西北四个方向都有神的镇守。其中北玄武,象征山石;南朱雀,象征大池;东青龙,象征河川;西白虎,象征大道。

哪里风水好就选哪里吗?这也有点太随意了吧?

以前,人们认为自然灾害都是恶神的诅咒引起的,所以一心希望通过祭祀和祈祷仪式来平息恶神的怨气,所以才迁都于有着天然地相优势的京都。
其北侧中央是天皇的皇宫大内,市区一分为二,即左京和右京,中间是主干道朱雀大道。
市区又分成一个个整齐的正方形单元格,每个单元格边长约 120 米，相互之间以大道或小路分隔开来，每条道路都是东西或南北垂直走向，就像棋盘一样。

这样的城市规划也一直沿袭至今。

原来历史这么久远啊，真不简单。

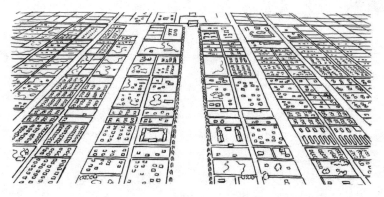

当时的中国风的古城痕迹还遗留至今。

10-2 为什么京都吸引了那么多的游客?

京都总是有很多外国游客啊,是什么时候开始成了旅游城市的呢?

 其实京都的发展历史也并非一帆风顺,(日本)战国时期几乎寸草不生,直到丰臣秀吉一统天下才迎来了转机。

当时丰臣秀吉以京都为国都,在皇宫旧址筑起了自己的城堡"聚乐第",然后以土墙围城,建造寺町,按照下城区的定位对全城进行了一轮大改造。

城区原本 120 米 × 120 米的单元格也一分为二,改成 120 米 × 60 米,以进一步提高土地利用效率。

后来德川家康打败丰臣一族,赢得天下,京都也迎来了第二个发展契机,德川家康把京都定为直辖市,并且修建寺庙神社,又保护当地的纺织产业("西阵织"),于是人口也逐渐安定下来了。

大力规划江户的同时又不落下京都,德川家康真有本事啊。

 是的,在江户时代以手工制造业发展起来的京都,凭借着千年古都的名号,观光业也迎来大发展,成为有名的旅游城市[1],但人口增速却远不如江户。

京都也是个水资源丰富的城市,首先,地下水资源丰富使得挖井取水非常方便;其次,鸭川和桂川也满足了农作物灌溉的需求;再次,高濑川[2] 也有利于物流运输。

> 1. 整个江户时代,京都的总人口维持在 30 万人到 40 万人之间。
>
> 2. 是一条长约 11 千米的运河,连接京都和伏见,由实业家角仓了以、角仓素庵父子于 1611 年建成。

我记得江户供水是需要另外铺设供水管网的吧？

是的，在京都用水就不用这么费劲了，丰富的水资源取之不尽，用之不竭。

但是京都人都比较排外，对内又比较团结，邻里之间会自发结队来维护当地治安[1]，而这也是人口增速有限的原因之一。

后来随着江户时代走向终结，被战火殃及之余，所有首都功能都被转移到东京，所以京都也曾迎来一段萧条时期。

不过万幸在"二战"时期没有遭受大规模的空袭，所以很多文化遗产都得以保存下来。

> 1. 该组织称为"町衆"，是当地民众自发的安保团体。幕府当局对其也较为倚重，借助他们的力量维持当地治安。

如果被战火摧毁了就太可惜了，可能修学旅行也不会去京都了。

是的，所以京都一直能以旅游胜地的姿态屹立于世界。

作为千年古都，京都久负盛名，一直都客似云来。

10-3 一探京都旧式民宅：为什么如此狭长？

 京都的旧式民宅这么狭长，你是不是觉得很奇特？
这种民宅称为"町家"，都是木造的，特点就是与道路衔接部分很狭窄，屋体却很长，像是鳗鱼窝一样。

还有这种房子的啊……那为什么屋体那么狭长呢？

 一方面跟当时的税收政策有关：屋体的宽度越小，应缴税款也越少。
不过我个人觉得，最根本的原因还是在于城市发展的本质。

城市发展的本质，指的是什么呢？

 首先你想一想，为什么人们会在城市聚居呢？

原因很多啊，买东西和人际交往都方便。

 你说得没错，那么为了促成这些便利，所有的建筑都一排排朝着道路是不是最好？

我知道了！为了让尽量多的建筑都可以朝着道路，所以尽量地压缩宽度！

 是的，如果建筑与道路的衔接比例太低，那么城市跟乡村也就没什么区别了。
城市的特色就在于，让尽可能多的建筑都临街而设，这样随着商家纷纷进驻，人流也会越来越多，从而发挥"我为人人，人人为我"的城市核心功能。

其实像这种狭长的建筑，除了古代日本，在国外也是很常见的，比如在越南首都河内就有一种叫"狭缝住宅"的房子，宽度只有大约 3 米，但屋体长度甚至有超过 100 米的。

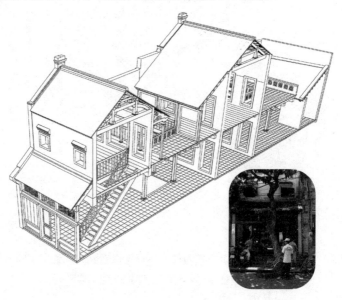

100 米这么夸张！这已经不是可以用"长"来形容的了。那这类房子里面的构造设计又是什么样的呢？

在屋里各处设置庭院以确保通风日照，大概就是房间→庭院→房间→庭院这样的格局。

不过京都的町家倒没有那么长，都是 30 米标准的，这是因为丰臣秀吉把市区的每个单元格都改成 120 米 × 60 米。

从入口往内分别是房屋主体→庭院→侧房这样的结构，其中房屋主体一般都是 3 个房间纵向连着的，有些可能是 4 个，不过如果再多的话就会影响部分房间的采光了。

首先最靠外的是做买卖的房间，即"店口"，以前住的地方和做生意的地方都是在一起的，这个"店口"谁都能进，在某种程度上算是公共场所。

然后是一家子生活的起居室，因为在屋子正中央，所以也叫"中室"。

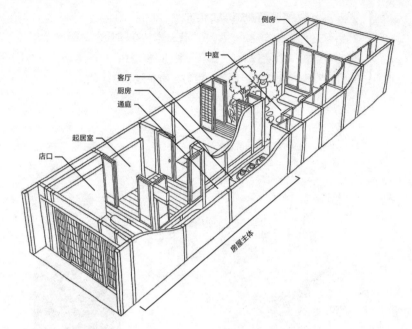

侧房
中庭
客厅
厨房
通庭
起居室
店口
房屋主体

起居室虽不对外，不过可以看到外面谁来了呢，看店是最合适不过了。那再往里面走又是什么呢？

再往里面的就是客厅了，设有壁龛，是整个屋子存在感最强的地方，其面向中庭，白天招待贵客，晚上则是屋主休息的地方。

就这样，屋内分布井然有序，这也是打造宜居住宅的设计重点，在这一点上，町家可谓浑然天成。

您的意思是现在的房子都太不讲究了？

也可以这么说吧。

在营造丰富多元生活空间方面，町家（铺面房）是比现代建筑要强的。

通过压缩建筑占地宽度来容纳更多的商家，实现"城市发展的成果由大家共享"的理念。

10-4 再探京都旧式民宅：与普通民宅有什么不同?

{ 町家和现代的民宅有什么不一样呢?
首先从正门来看，是不是觉得差异挺大?

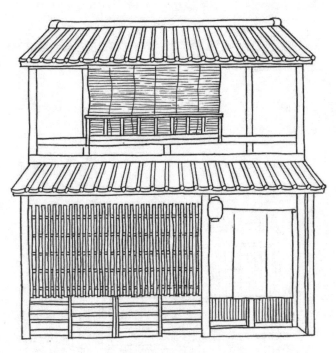

是的。窗边的那些木栅是什么呢?

{ 这些是窗格子，从外面很难看到里面，从里面看外面却是
一清二楚，街上光景一览无遗。
不过窗格子也不是里外完全隔开的，外面的人也能感觉到里
面的动静，所以不会显得疏远，而是有一种若即若离的感觉。

我家和路边之间是一道墙，相比之下就显得冷清了。

前人造房子的智慧，真的值得现代人学习呢。
另外正面不是还有屋檐吗，你知道有什么作用吗？

可以躲雨？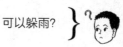

是的，遮阳挡雨是其首要功能。
而且你有没有发现，即使没有建围栏，屋檐下的区域，都像是那家住户占着的地方？

还真是这么一回事，我平时路过的时候都尽量不靠近呢。

屋檐下的区域刚好在店口和道路中间，对于行人和店家来说都是个比较舒服的地方呢。

原来如此。

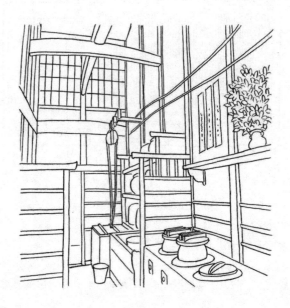

町家的内部也很有意思哦，首先里面有一个通庭，从室外直通到后门，厨房就设在通庭的最里面，刚好与客厅隔着一道墙（10-3）。

而且为了采光和排油烟，厨房一般不设天花板，而是直通屋顶。

真好啊，屋子内部也包含室外区域，很有豪宅的感觉呢。

是的，不过最近在一些町家聚集的区域纷纷建起了大型公寓，导致很多町家的中庭采光变差了，被拆掉的老旧町家也有很多[1]；另外，也有很多人重视町家的历史价值，以改建为咖啡厅的方式进行再利用。

京都政府也出台了严厉的行政法规，规定拆除町家必须要提前向有关部门提出申请。[2]

1. 据统计，2008 年有 4.77 万座町家，而到 2016 年则降至 4 万座。

2. 即 2017 年制定的《京都市町家保护与继承条例》，规定从提出申请到现场拆除，要留 1 年的缓冲时间来物色有意购置的人。

如何传承外庭、中庭这类富有历史价值的居住文化，才是我们需要关心的。

10-5 京都城区的广告牌颜色为什么这么特别?

为什么京都的广告牌的颜色和其他城市的不一样呢?就连麦当劳的都像是茶色的。

 是的,每家连锁店的广告牌样式都比较朴素呢。
广告牌本来就是要引人注目的,为什么京都却反其道而行之呢?
一言以蔽之,就是"形象"问题。

那为什么就只有京都要这么做呢?

 京都的历史由来已久,所以很早以前有关部门就已经出台各种措施来保护京都的风貌,比如《名胜地区制度》。
但进入泡沫经济时期后,全国"大开发大建设"的浪潮也卷席到京都,一座座高楼大厦拔地而起,各种光彩炫目的广告牌也应运而生,在此之下京都的古老历史风貌就渐渐消失了。
于是京都市政府就在 2007 年出台了更严厉的措施[1],严格限制广告牌的颜色和大小,同时禁止在大楼的楼顶架设广告牌。
而反观其他城市,我们之前也说过,对于这方面是管得很松的(8-3)。

1. 《京都市室外广告牌等管理条例》,2007 年修正。

原来这样,那限制得这么严,开店的人肯定有意见吧?

是的，广告牌效果与客流息息相关，再说重新修改广告牌也要花钱，所以当时商界都表示强烈抗议和坚决反对。

于是，当局改为采取循序渐进的方式，给予了 7 年的缓冲时间，另外对于主动修改广告牌的商户也给予一定的补助。

最后功夫不负有心人，现在近乎 100% 的广告牌都已经符合当初规定的要求。

不过京都当地老百姓的初心也是希望自己的城市变得更美的，也正因为有这份执着，全城广告牌的改造才得以成功。

为了不让街道广告牌的颜色破坏了京都的历史风貌，政府建立了全市统一的标准。

10-6 日本第一所小学是在京都诞生的吗？

历史悠久的京都，还诞生了日本第一所小学呢。

是吗？为什么是京都呢？

随着江户时代落幕和明治时代开启，首都功能尽集于东京，天皇也从京都的御所搬到了现在的皇宫，由此给京都带来了严重的人口危机。

而极为难得的是，即使在这个艰难的时期，京都人清醒地认识到，新时代的发展首先是人才的培养，所以不遗余力地推动学龄儿童的教育事业。

听着有振奋人心的感觉呢。

是啊，这很值得我们学习呢。

在 1869 年，有 64 所小学在京都设立了，而且从设立的方式来看，也跟全国其他地方的小学不一样。

而最值得注意的是，明治政府是在 1872 年才发布了仿照国外的新的小学制度，而在这 3 年前京都的小学就成立了，你知道为什么吗？

这就不知道了……是因为京都人的办学热情特别高涨吗？

你这么说也没错。

其实在背后出钱出力的，就是我们之前说过的京都民众，你还记得吗？

他们紧密团结在一起形成居民协会，自发维护当地的治安。

居民协会还以共同出资的形式在各自区域建起了小学。

大家共同掏钱建学校，可见他们的凝聚力有多强，这也是京都这座城市的最大特色啊。

既然是大家一起出的钱,那就真的是大家的学校了呢。

 是的。

虽然随着时间的推移有些已经关闭了，但也有的以新的面貌继续为大家服务呢，比如京都国际漫画博物馆和京都艺术中心。

京都果然是一座重视文化传承的城市啊。

 是的。

你听我说了那么多，想必还是意犹未尽吧?

不过没关系，我也才刚进入状态，马上给你说更多有趣的!

啊，不好意思，我突然想起有急事要先走了，等下次哈!

是的,当地民众功不可没。